刘加基·著

财富

财商

财智

专业理财师
步步为赢的理财方略之一

华夏出版社
HUAXIA PUBLISHING HOUSE

声　明

　　本书旨在给读者提供有价值的投资理财参考，但不管读者是否依据本书实施投资或理财，盈亏自负。特此声明。

目 录 CONTENTS

附　录　深度争鸣与理财指引 >151

序

在现代社会，财富是人们生活和劳动中的最强音。财富从何而来，似乎是人人皆知的寻常事。然而，有无数人总觉得钱不够用。这又在提醒人们，对这人人皆知的寻常事，许多人未必能真正了解透彻。

在创造财富的过程中，有一种钱生钱的方式，被人们深为重视，但也被更多的人所忽略。但究竟钱是否能够生钱呢？能清楚回答这个问题的人恐怕不多。实际上，这涉及几个方面：一是钱经过良好的管理和运行，可以使物质财富更多和精神财富更丰富。换句话说，是真正地实现了钱生钱的社会客观效果。二是钱依照某种社会规则流转后，使钱的购买力产生了重新分配的效果。换句话说，就是有的人钱更多了，实现了钱生钱的个人客观效果；不过有的人似乎钱也增加了一些，但实际购买力却降低了，也就是钱反而相对变少了，原本该属于他的财富却在不知不觉中被别人合法地拿走了。三是钱一直保持原来的货币状态，没有参与任何的运行和交换，也就变成了死钱。除非这个货币变成了文物或者纪念币，否则没有任何升值和保值的效用。四是虽然钱也参与了各种形式的交换和运行，但却是错误的交换和不当的运行，从而造成了财富的损失。这也就是人们通常所说的投资失败以及其他不当的货币处置。总而言之，在这些环节中，都涉及是否能够让钱真正地发挥作用、是否能够让钱生钱、是否能够让钱作为一个动力要素促使人们更好地创造财富的问题。而在这些方面，无疑也都涉及一个最为核心的问题，即能否发挥我们的智慧。以财富的思维来说，也就是能否发挥我们的财智和财商。

应当说，在现代社会，财智是当代人必须具备的最重要的能力之一。拥有良好的财商，也是当代人拥有的最重要的财富之一。不断提高自身的财智和财商，无疑是当代人学习和实践的最重要的内容之一。而培育下一代孩子的财商，是现代父母给孩子的最大的财富，也能为孩子今后的创业致富奠定最坚实的基础。因此，在现代社会，探索和认知与财智和财商有关的知识，是人们获得更多财富以及提高生活水平所必不可少的。

本书从投资理财的角度，对财智、财商和财富做了一个独特的解析说明，希望它能够传导给读者高价值的启发、有益的借鉴和实际的效用，从而能够更好地"钱生钱"，能够有更多的财富！

第❶章 心脑出财智

　　财富一方面来自于大自然的自然财富，另一方面来自于人们的体力劳动和智慧活动。而人们之所以能有目的地劳动以及有万物之灵的智慧，皆在于人们有卓越的心脑及思维系统。俗话说"户枢不蠹，流水不腐"。勤于用脑，善于思考，志于创新，智慧生焉！投资理财，成败优劣，自是处处尽显财智。

第1节　简单的神奇

——头脑很伟大　理财很简单

这几天石琪很诧异，与她一起工作的甄婷婷，似乎生活更显得轻松惬意，不那么为钱所累，而自己却疲于为钱操心。石琪为了多了解一些情况，同时也想是否能够向甄婷婷学点什么，就决定去婷婷家拜访，好好聊聊。

这天天气很好，风和日丽，天也格外地蓝。石琪敲开婷婷家的门，被婷婷热情地邀请了进去。走进客厅，石琪先环顾四周，她的视线马上就被客厅中央挂着的一幅画吸引住了。这幅画，上方是初升的太阳，在朝晖沐浴的隐约的梅花背景中，有几朵初绽的牡丹。在太阳的中间，写有大大的英文字母 A^n，牡丹花的下方写着：

梦想　一　$A=10$，$n=6$

　　　二　$A=10$，$n=3$

　　　三　$A=3$，$n=6$

把握　一　$A=2$，$n=8$

　　　二　$A=2$，$n=5$

必须　一　$A=1.1$，$n=30$

　　　二　$A=1.05$，$n=50$

石琪觉得奇怪，问婷婷："这 A^n 表示什么呀？"婷婷轻描淡写地说道："那是提醒我自己的一个符号。"石琪听后，更觉得奇怪，又问道："这个 A^n 能提醒你什么呢？"婷婷想了想，然后说："越是简单的东西，你记得越牢。A^n 非常简单，它对我非常有用。"一阵笑毕，婷婷继续对石琪说："A^n 这个数学符号，大家都知道，但用于投资理财的指引，权且算我小小的发明。如果在 A^n 中，取 A 为 2，取 n 为自然数，那就是倍增的情形。你想想看，就算一张 0.05 毫米厚的纸，折叠 52 次后，会有多厚呢？恐怕你没想到会有多么不可思议，其总厚度是从地球到太阳的距离。我常常绞尽脑汁地想我所能实现的 A^n，时时判断着现实中可能存在的 A^n。我之所以画这么大的一幅画，就是为了每天提醒自己。我一看到 A^n，就会习惯性地去分析和判断当前的形势和经济机会。我不想因自己的麻木而失去机会，我希望用最简单的 A^n 来有效地指引我自己的投资理财方向。"石琪越发好奇了，诚恳地向婷婷请教道："那你是如何用 A^n 的道理来指引你的投资理财呢？"婷婷说道："A^n 中的 A 代表愿望，n 代表个人的实际能力，A 和 n 各自的值由我自己来定，它只要符合我个人的愿望和实际能力即可。"婷婷继续说："我给你全面介绍一下这幅画的含义吧！牡丹寓意富贵吉祥，同时也因为我喜欢牡丹。背景以隐约的梅花做衬托，那是借喻'梅花香自苦寒来'。牡丹和梅花放在一起，其寓意形成一个关系。太阳寓意万物生长靠太阳，财富的发展也由太阳的光辉来指引。而太阳中间的 A^n 就是对自己的核心提醒，它代表我的梦想、付诸的努力与实现的目标。梦想一，就是让我自己的主体资金得以 10 倍的倍数增长，在我一生中希望能抓住 6 次这样的机会。这是我的最高财富梦想，它有实现的可能。梦想二，就是让我的主体资金能以 10 倍的倍数增长，而且在我的一生中，要努力抓住 3 次这样的机会。这是我次级的财富梦想，它实现的可能性也比较大。梦想三，就是让我的主体资金以 3 倍的倍数增长，并在我的一生中要全力抓住这样的 6 次机会。这是更切合实际的梦想，实现的可能性也会更大一些。其他的依此类推。A^n 中的 n 可以是次数，比如它可以是年，也可以是月，由自己把握；A 可以由不同时期的不同资金增长速率如 A_1、A_2、A_3……来组成一个长时期的资金增长速率的期望平均值，反正切合自己的资金实力和能力即可。略去"把握一"部分，最后"必须二"部分中的 $A=1.05$，$n=50$，意思是在我的一生中，要尽力确保我的资金的平均最低年收益率不低于 5%，我想这个通过定期存款以及与债券投资的组合，应当是可以做到的。同时，也希望能确保自己从制订计划的那天算起还有 50 年以上的生命期。"说到这里，婷婷情不自禁地笑了起来："千古生死难由己，管它呢！成事在天，谋事在人！"听完婷婷这话，石琪也情不自禁地哈哈大笑。

弦外音解析

石琪与甄婷婷的聊天内容，有以下几个重要信息：

首先，婷婷的客厅中央挂着的画中有一个对自己极为重要的信息符号 A^n，这是强化自己的大脑神经元对重要信息的记忆和处理，这在生理学和心理学上都有极为有效的作用。人们的行动都在不知不觉中受潜意识的影响，比如人们所熟知的习惯行为。习惯的力量非常强大，所以有智者谆谆教导人们要养成好习惯。这在心理学上称为潜意识行为。一个人要确立好的追求财富的习惯，就应当让自己受到良好的心理暗示。这是提升自我财智、财商的重要方法。

其次，婷婷给出的投资理财符号 A^n，实际上是人们现实中若干投资理财回报效果的简化。比如说，复利增长的简化表达式就是：$F(n)=(1+i)^n$，其中 i 是回报率，n 是年数。我们可以把 $1+i$ 再简化为用 A 来表示，因为 A 还可以取其他有重要意义的值，比如说，翻倍增长的投资理财途径等。在这一点上，我国的经济计划就很有创造性，采取了翻倍增长的方案，然后采取分解为年增长率的方法来确保国家经济增长目标的实现。所以，A^n 这个符号有非常重要的意义。要是在这里给出完整的简单表达式，它可以写成 $F(n)=CA^n$，其中 C 为资金量常数，A 为增长率，A 既可取大于 1 的一个合理的数，也可以由若干时期的增长速率 A_1、A_2、A_3……来构建一个长时期的平均增长速率来进行测算，将分阶段不同增长的情形转化为对目标测量值进行总目标的控制。n 可以是通常计量的年数，也可以化为月的次数，还可以选择为纯粹的若干次数。这些可因各人的投资理财思路进行调整。对于 n，人们最常用的衡量单位还是年数。不过，总体上，记住 A^n 是最简单的做法，就也能够达到对投资理财的指引效果。

第三，甄婷婷是根据自己的理想和能力，设计了若干指引自己投资理财的目标，既有可能实现的最高目标，也有最基本而又必须确保实现的目标。这个目标的分层设计需要对自己做深入的分析才能设计得比较好，才会有好的指引效果，而盲目的、无根据的方案，肯定不会理想。

第四，甄婷婷之所以把 A^n 的问题以画的形式来体现，还有一个非常重要的用意，就是不断地让自己动态地思考 A^n 中的 A 和 n 的关系，充分调动自己的财富思维创造力。她可以追踪整个社会的方方面面的机会，比如房地产、黄金、股市、创业的投资机会等等。她也一定知道，她不可能抓住所有的机会，但只要抓住重要的几次，就会让她受益匪浅。

第五，要想把 A^n 应用好，还要注意几个潜在关联的内容。比如说，人们所获取的信息的价值和可信度、分析信息的能力、由关联信息演绎出的结论等，这些都有赖于人们自身的综合素质。所以，不断提高人们自身的综合素质，是提高自身财智和财商的一个重要基础。

第六，甄婷婷说用一张纸折叠 52 次的情形，这是耐人寻味的真实故事。此时，即取 $A=2$，$n=52$，若将纸张厚度设定为 0.05 毫米，则纸张经 52 次折叠后的总厚度是 0.05×2^{52}=225 179 981 公里（地球到太阳的距离是约 1.5 亿公里）。甄婷婷的意思是，A^n 有非常强大的力量，关键是怎么来看 A^n。

人的大脑很伟大，当爱因斯坦推导出 $E=mc^2$ 之后，美国不久就造出了原子弹。当原子弹在日本长崎、广岛被扔下的时候，对日本的震慑作用巨大无比，日本不得不宣布投降。谁不信服爱因斯坦 $E=mc^2$ 的伟大力量？

财智闪光点聚焦

简洁的符号，是思想突破的思维载体。A^n 很简单，理财很有用。A^n 这个符号，既蕴含着巨大的潜在财富，也蕴含着许多获得财富的方式；它既蕴含着财富数学思路，也蕴含着数学哲学思维，而且还可以有效地激发人们对财富的想象力和创造力。但这些都取决于对 A^n 的思考方法。人们可以大胆地想象，可以以强大的创造力有效地提高 A 的值和增加次数 n；还可以通过提高可实现的 A 和 n 的值，不断地反思自己的知识结构和创造力。通过这样不断地砥砺自己、独立思想，应当会有很好的突破和收获。

记住这个简单的 A^n，它可以使理财很简单。

锻炼一下大脑

让我们段炼一下大脑的想象力，你能看到图一中相爱的人吗?

○《爱之花》之启示

敞开我们心灵的窗扉，让心灵沐浴爱的阳光，催发生命流淌美的精神，使身心充满欢乐的力量，冲破思维的枷锁和思想的藩篱，是开发人们大脑潜能、培养创造力的极其重要的方法，也是提高财智、财商的重要途径。展开你想象和思想的双翅吧！

（《爱之花》参考答案见本书第 187 页）

图一 《爱之花》

第 2 节　自我开智的财智

——开发自己

　　甄婷婷邀请石琪吃完午饭后就去泡了一壶茶，这茶不是普通的茶，而是一种清热解毒、回甘很好的山野藤茶。茶后，石琪到婷婷的书房转了转。石琪觉得婷婷的藏书有一些特别，除了她自己专业的经济、金融类书之外，还有不少自然科学、心理学、生理学、社会学、文艺类、哲学类的书。石琪笑着对婷婷说："你有兴趣看那些自然科学的书啊？"婷婷不紧不慢地说："我也就是翻翻，主要看一些科普类的。我崇拜那些科学家、发明家，总觉得没有这些科学家、发明家的杰出智慧，我们人类的进步不会那么快。倘若没有电磁、电灯之类的，也就不会有我们今天的好生活。你看我们今天多方便，打开电视、电脑可以知晓全世界，打开手机可以联系全世界。看一些自然科学的书，也可以让我这个文科生换换脑子。"石琪说："你还真有点特别，换我是看不了这些书的。"婷婷解释道："人还是要多方面接触一些东西、受多方面的启发才好，我总觉得这样能让自己的知识面更宽一些，也能更好地开发自己的潜能。"石琪笑道："你买那么多书，看来你是下工夫投资自己、开发自己的脑袋了。"婷婷也笑道："买书没有多少钱，读书也只是一个方面，听听人家的高见也很好。今天晚上有一个讲座，是讲黄金投资的，一起去听听怎么样？"石琪打趣说："需要开户投资么？"婷婷说："不需要的，那是真正讲知识的，但需要投资你自己。"石琪哈哈大笑："这么说，是要投资我自己、开发我自己了？"

听完讲座，石琪对婷婷说："这老师还讲得挺逗，他说人类可以把木炭变成钻石，但黄金不会作为木炭使用。我非常同意他的观点，人类对黄金的喜好不会在今天结束，也不会在我们这一代人身上结束。"婷婷说："这位老师经历过许多投资的成败与坎坷，他今天能站在讲台上，是因他巨大的人生投资得来的，他交的人生学费是我俩当下不能比的，而且他终于站起来了。这种成功和失败的双重经验更有启发性，也更精彩。我们今天交一点听讲费，是小投资获得大启发。"石琪很赞同。

弦外音解析

石琪隐隐约约地感觉到婷婷赚了不少钱，但不知道是怎么赚的。她觉得应当向婷婷学点什么。所以，当她看到婷婷有那么多书后，她似乎感悟到了点什么。当婷婷邀请她去听课时，石琪又意识到投资自己是重要的。

人的知识来源是多方面的，人的能力表现也是多方面的，人的潜能同样是多方面的。许多时候，一件事情的成功是靠人们自身综合的知识和能力。而有时，自己的潜能究竟在哪个方面，也要靠多方面的知识和实践才能得以发现。

我们可以从多个角度来看待开发自己这个问题。第一，从投资理财的角度讲，就是要提高自己的财智、财商，让我们能够更准确地把握投资理财的对象、规律和机会。而要做到这一点，就要具备基本的经济、金融常识，要具有把握投资对象运动性质和规律的能力，要具有洞察社会发展趋势的能力。有时候，有的人凭借自己丰富的人生阅历便可以做到这些，而无须深厚的知识功底，但更多的时候，人们却需要凭借深厚的财富知识和卓越的财富思想，才能可靠地、可控制地实现投资理财的目标。应当指出，在投资理财中，有简单的投资理财手段如储蓄、国债等，也有复杂深奥的投资手段如股市、期货等。恐怕没几个人敢说在股市和期货里的投资是容易赚钱的。当然，也有凭运气赚到钱的。运气是不常有的现象，也是不可控的现象，智慧才是能够让我们拥有胜多于败、赢多于输的长期的和可控的财智。所以，要取得投资理财的长期成效，还是依靠智慧来得可靠。对个别人来说，财富可以来源于机遇，但对大多数人来说，财富来源于多方面的智慧。

智慧，来源于学习、实践、深刻的思索。同样，财智也来源于对财富知识的学习、对财富追寻的实践和对财富规律的思考。这些都与我们大脑的开发利用程度有关。

第二，开发自己，就是要提高自己的思维能力和想象能力。思维能力，是判断是非对错的重要能力之一，也是演绎、推理和得出正确结论的能力之一。想象能力，则是我们认识事物的重要能力。爱因斯坦曾说："想象力比知识更重要。"无法想象的事物，通常是我们难以认知的。而我们从小接受教育，除了积累知识外，更重要的就是开发和提高我们大脑的认知能力，即在积累知识的同时提高自身的思维能力、想象能力、感知能力、记忆能力、创造能力等等。人的大脑潜能是非常巨大的，开发大脑潜能是人类最重要的工作之一。投资自己，让自己获得更好的教育，让自己得到更有效的锻炼和更好的指引，使自己拥有更强的能力，是提高人生智慧和财智的根本途径。

第三，开发自己，还意味着可以提升我们的综合能力。事业的成功，既可以由一个专长得以实现，而更多的，则是由人的综合能力的总体发挥而得以完成。这两者都必须重视。

第四，开发自己，还表明了我们自身的主动性和进取心。有人说，人的天资是由 DNA 决定的，如果确实如此的话，那么，人类就不是由什么进化而来的，而是原本就存在的，这显然于理不通。那么，DNA 究竟是稳定不变的，还是可受后天影响而变化的？有人说，人类的机能是用进废退并影响基因的信息载体，进而影响基因的改良，恐怕这不无道理。所以说，基因决定大脑，大脑决定意识，意识决定行为，行为决定结果；但反过来，环境也可以影响行为，行为也可以影响意识，意识可以重塑大脑，大脑也可以反作用于基因；或者说，环境和行为也会刺激人的大脑细胞，大脑细胞的良好有序运转也可以改良大脑，改良的大脑也可以成为信息密码重置在基因细胞上。可以说，这是一个内外系统相互交换信息、相互调节、双向运行的大系统。

第五，开发自己，还意味着我们必须参与相关的实践活动，让知识接受实践的检验，并进一步在实践中学习，从而在实践中真实感受所对应的事物，在实践中深刻感知所对应事物的规律，在实践中经受锻炼和考验。

第六，开发自己，最重要的是要开发我们自己的天赋，继而让天赋与我们的其他才能协调发展并相得益彰。

只有靠自身的智慧，我们才能明确自己站在哪里。所以说，自助者得救。投资自己，是对自己最大的帮助；自我开智，是自身最大的智慧，也是最大的财智。

财智闪光点聚焦

投资自己，自我开智，是最重要的财智。所谓自助者天助，根本的道理就在于此。不论是通过接受正规教育还是通过自我不断地学习并投资自己，通过"学习—实践—思索、再学习—再实践—再思索"的循环往复，总能取得不断的进步。从这个角度来讲，也可说是有时候是人在找钱，而有时候钱也会在找人。

第3节 借力的财智

——借我一年薪水

祁晓梅有点惊奇，同自己一起毕业、收入几乎相近的甄婷婷，用什么办法就轻轻松松地买了一套不错的房子呢？在一次与婷婷闲聊时，晓梅说："婷婷，我真佩服你，你用什么办法买下了这房子？"婷婷的脸上闪现出一丝自豪，后又以沉重的语气说道："这事说来话长——"婷婷停顿了一下，自嘲地继续说："这可能是因为我从小家境没你那么好，所以我潜意识里更想要有钱的缘故吧！"晓梅一头雾水，就说："这话怎么讲呢？"婷婷说："我先给你讲个有趣的故事，然后再谈这个问题，怎么样？"晓梅感兴趣地说："好啊！"

婷婷说："在我大约八九岁的时候，有一次我爸带我去吃酒席。这酒席是一个比较有钱的老华侨摆的。酒席摆满了厅里厅外和屋前的一条长长的马路。我和我爸走到摆酒的大厅前，看到一幅奇特的壁画，壁画上有一个用铜钱黏铺成的人，这个人左手拿着秤，右手拿着大小两把梳子，秤盘里放了几个水鸭蛋，蛋上还黏着几根鸭毛。我当时很好奇，就问我爸那是什么，我爸说等回家了再告诉我。酒席散去回到家后，我爸告诉我："这个摆酒席的老华侨名叫朱仔，幼年丧父，母亲身体又不好。有一天他们母子俩实在饿得受不了，就到不远处的一户有钱人家讨一口饭吃，不料那户有钱人家扔出一根猪骨头，还放出他的狗，朱仔连忙拔腿就跑，跪在母亲面前大哭。过了几天，朱仔的远房堂叔跟朱仔的母亲说：'现在这世道兵荒马乱，看这情形，你们母子俩也难有好日子过，索性让你的儿子跟我闯南洋吧！'朱仔的母亲流着泪说：'好吧！'朱仔的母亲心里知道，今天这生离就是死别，说不定再也见不到儿子了。几十年过去了，朱仔的母亲也去世了，朱仔却活着回来了。他为了答谢族亲们对他母亲的照应，就盖了一排房子给他的族亲们住，今天又摆了酒席请乡亲们喝，以表达他对族亲们的感激之情。那个壁画上的铜钱等，每一个物件都是一个乡音，鸭毛与水鸭蛋就是'莫论'的意思；秤与梳子就是'亲疏'的意思；两把大小梳子就是'大小'的意思；用铜钱黏铺的人，意思就是钱做的人。用我们当地的方言说，这画的整个意思是：莫论亲疏与大小，钱做人。这可能是朱仔历尽千辛万苦对坎坷人生的感慨，也可能是对原来的那户有钱人家的反击。那户有钱人家的子孙没有一个来赴宴席的。说起来也真是，那户有钱人家在解放后被划为了地主成分，加上为人不够厚道，他家的日子就不好过了。由于成分不好，甚至连他家小辈的日子也很长时间都不好过。'"晓梅听罢，深觉这故事动人，但又问道："这与你很想有钱有关系吗？"婷婷接着说："我爸当时深深地叹口气说：'人间多少事，富在深山有远亲，穷在闹市无人问。虽然我们家也穷，但终究还能生存，那时的朱仔，却是冒着生死不知的风险而踏上茫茫南洋路的。不知多少华侨像猪仔一样在他乡生存，不但没有做人的尊严，甚至年纪轻轻就没了命。你的远房大叔公，到一个南洋名叫石勒坡的地方，在那里没有春夏秋冬，几乎天天如夏日，他就地当床、天当被，割了几年橡胶，身无分文地跑回来了。他还说他幸好跑回来了，和他一起去南洋的另外的人至今音信全无。我爸以前会讲很多这样的故事。'"婷婷稍停了一下，抿了一口水，若有所思地继续给晓梅说："有时候，金钱会把人变成魔鬼、变成奴隶，甚至变成连猪都不如。这是我当时懵里懵懂的一丝模糊的感觉。后来，我家乡的人一直在传说这个故事，随着我长大，这个故事也似乎越来越沉重，在我的脑海里挥之不去。我爸也时常红着眼睛跟我讲，他不知道经历过多少个没有饭吃、连一块地瓜都没有的日子，而且还是白天黑夜地干活。值得欣慰的是，我们家还能勉强度日生存，没有人被饿死。"婷婷喝了一口水，接着说道："因此，我在上大学的时候，就抓紧时间学了两个专业，希望毕业后先工作挣钱，能在经济上补偿一点我爸什么的。工作后，我也一直在想，除了工作，现实中还有哪些机会。我考虑着方方面面，请教我的老师和我身边的长者。"婷婷稍作停顿后又兴奋地说："有一天，我在逛街的时候，看着满柜的玉镯和金饰，好像悟到了什么，就赶紧回家分析黄金的价格历史。当时我发现，金价经过长期的向下趋势波动后，开始从低谷逐步上升。经多方请教，有相当充分的证据证实我的看法。但有什么机会呢？我还没有理出头绪。那时，有很多人炒股炒得垂头丧气，股市已经跌了好几年。我心想，跌了好几年了，风险应当释放了很多，投资股票也应当没那么危险了。但我心里也没底，于是我又去请教很多熟悉这方面问题的专家，又看了相关的专著。在这个过程中，我明白了一个道理，即在当时的形势下，投资金条不如投资金矿。可是我没多少钱，投资的效果也不理想。于是我想出了一个主意，到我做小工程的叔叔那里借一点钱。但若是白借，我的婶婶肯定不干，那怎么办呢？在这个到处都是放高利贷的年代，借一点非高利贷的钱，除了自家亲人，是很难的。借高利贷投资是绝对不行的，这是原则，对我们学经济、金融的人来说，这是明摆的常识。我想了好久，想出了一个主意：让叔叔借我一年的薪水，我给他不低于银行的利息。我想这样叔叔是比较容易同意的，婶婶那里的工作也好做。"婷婷喝了一口水，神色沉重地说："实际上，我非常不喜欢借钱，总觉得借钱是丢人的事。嗨，不过为了有个机会，也就只好这样了。"婷婷笑了笑说："我找到叔叔，就跟他说：'叔叔，借我 6 万块钱行不？'叔叔说：'你都工作了，借这么多钱干什么？'我说：'这 6 万块钱差不多就是我一年的薪水，我只是想提前用这笔钱。我保证两年内还您这笔钱，也保证支付您不低于银行的利息，而且逐月还。'婶婶走过来说：'你去问问现在借钱要多少利息？'我说：'借高利贷总不见得是好事，您总不能叫我去借高利贷吧？婶婶，我还年轻，也有收入，等我手头宽裕了，我买一个金镯子报答您，好不？'叔叔给了婶婶一个严厉的眼神。婶婶仍然对她的钱不放心，就不痛不痒地说：'如果有个三长两短，你叔的钱到哪里去找啊？'我也不知道她说的是什么三长两短，立马就跟她说：'婶婶，您放心，我买了保险，我的命值好几十万，即使有三长两短，这个钱还得了。'叔叔看这情形，就叫婶婶去厨房做事，然后跟我说：'别介意你婶婶说的，明天我到镇上取 6 万给你。'我喜笑颜开地连忙说：'谢谢叔叔！谢谢叔叔！'"婷婷继续说道："借了这 6 万，加上手头的 2 万多，我就在 8 块多的时候买进了 1 万股山东黄金。"婷婷接着自嘲地说："算我运气好，两年多后，山东黄金每股走到了 240 多元。我一直琢磨着什么价位出手，我当时一边看着金价一边看着股价，总觉得金价还应当上升，股价也有继续上升的可能。后来，股价似乎不妙，升幅也已经太大了，我就在每股 160 多元的时候断然出手，先落袋为安为好。从理论上来说，我本有机会赚得更多，但我已经心满意足了，大大超过了我想有 3 倍投资回报和 10 倍超高回报的预期。"婷婷高兴地继续说："这是我第一次抓住了有 10 倍以上回报的投资机会，而且现实超过了我的理想。"晓梅听到这里，如梦方醒，婷婷就这么一个提前投资她一年薪水的安排，就让她过上了轻松的生活。生活的学问真是大啊！老实说，晓梅在内心里承认，自己对财富的意识与观念没有婷婷那么强烈，所以机会与她无缘。至于婷婷买下这房子的思路，晓梅也已经明白大半。这时，空中飘来《红灯记》的唱腔："……穷人的孩子早当家……"晓梅陷入了沉思，脑海里闪现出不连续的字幕：穷—富……富—穷……因果……科学……观念……意识……未来……

弦外音解析

晓梅终于明白了甄婷婷为什么会比自己的经济状况好得多的原因。这是一个借力的财智。这看起来十分简单，做起来却没有那么容易。

其实，在甄婷婷借力投资理财的安排中，有这么几点具有启发性：

第一，甄婷婷有强烈的寻找投资理财机会的愿望和潜意识，这为她努力学习、不耻下问、寻找机会提供了强大的动力。

第二，甄婷婷是在把握了相当肯定的机会时做出的严谨的借力构思，虽然仍然要冒投资的风险，但风险能在她把控的范围之内。

第三，甄婷婷有良好的经济、金融方面的知识，虽然未必深透，但为她的研究、分析和判断提供了强有力的支持。

第四，甄婷婷对借力有严格的风险控制。一方面，她所用的借力杠杆是在她一年的薪水之内，负债不会成为危险；另一方面，高利贷是一条红线，绝不逾越。她遵守常识和必要的原则，这也受益于她的专业知识。

第五，甄婷婷明白自己在干什么，也知道自己行为的风险所在，为此她做了周密的研究、策划和安排，绝不盲目借力。

财智闪光点聚焦

借力是一种智慧，借力理财也是一种财智。但必须要知道：负债可控，带来财富；负债失控，带来灾难。借不借力，必须明白我们自己的财智是否能够得以发挥，是否是必要的和安全可控的。盲目借力，可能加倍伤害自己。所以，不断提升自己的智慧和财智，时时积累投资理财知识，不失时机地发挥自己财富的创造力，适当地借力发挥，将能拥有更多的财富。

第4节 借智的财智

——聘请CEO

婷婷的婶婶收了婷婷送给她的金手镯后很高兴：一是想婷婷日子好起来，也有她夫妻俩帮忙的份；二是想好心有好报，婷婷还真说话算数，给她买了这么一个精美的金手镯。但她一直在盘算着：婷婷这么会赚钱，是不是叫婷婷也帮她赚一点钱？思来想去，她就把这想法跟老公商量。夫妻俩一琢磨，觉得有道理。等婷婷回家的时候，婷婷的叔叔就说了："婷婷啊，你是我们家的秀才，你有赚钱的点子，也帮叔叔放在银行里的钱给安排安排。"婷婷笑着说："我是念了一点书，但赚钱的事儿，我真的不是很灵光。"叔叔也笑了："还跟叔叔谦虚么？"婷婷笑道："我跟您实话实说，我那钱是通过投资赚来的，但投资并不意味着一定能赚大钱。投资是一种策划、一种计划，投资会赚钱，但也有风险。换句话说，就是也有亏钱的可能。"叔叔接过话说："叔叔信得过你，你的脑袋里装的是值钱的货，你就帮叔叔用用你的脑袋。"婷婷认真地说："叔叔啊，我只稍微熟悉一点经济、金融方面的知识。您既然要用我的脑袋来帮您想想这方面的法子，我就必须跟您说清楚，您也必须记牢：一是您这样的年龄，一般不适合做有高收益的投资。所以，如果您希望投资赚大钱，这样的想法不太妥。二是如果您真希望从投资中获得比银行利息高一些的回报，那您也只能用您的闲钱进行投资。所谓闲钱，可以这么说，就是在 10 年以内您都不会动用的钱。三是按照我的知识判断，一个合适的投资，从 10 年以上来考虑，一般会比银行的利息回报高一些，但并不能有百分百的保证，也有达不到这样的收益率的情形发生，甚至还有可能亏钱。四是如果您要借我的脑袋使使，那我就去借更好的脑袋使使，也就是说，我帮您选一只合适的基金。所谓基金，就是人们把钱集合起来交给金融方面的投资专家，他们会帮您动脑子、想法子钱生钱。五是我写一个条子，让您自己记住 10 年内不能动用这笔钱。因为投资有波动，一旦经不起波动，就会出问题。"叔叔接着道："叔叔信得过你，你说怎么办就怎么办，只要能比放在银行里强些就好。放在银行里，是谁都懂得做的，但放在合适的地方就不容易了。只要你把叔叔的钱放在合适的地方就好。"婶婶接过话说："有没有可能比放高利贷还赚多些？"婷婷说："这不好说。有时候可能超过，但大多数时候是没有那么高的，甚至差很多。不过放高利贷是件非常危险的事情。您看我们邻居的那个叔叔，放高利贷给人家，结果人家跑路了，本都没地方拿，更别说利息了。而且，放高利贷是不受法律保护的，出问题的不少，因为真正有那么高收益的实业投资是不多的。所以，婶婶您千万不要做放高利贷的事情，太危险了。而投资基金是受法律保护的。另一个，投资基金，您买了基金的份额，也就相当于您参与了市场上有发展前景比较好的企业经营，您也就成为另一种形式的股东，您就好比是请了一个脑袋好使的经营基金的 CEO。所谓 CEO，通俗点讲，就是企业的主要管理者。而且，基金中也包括借钱给国家和企业用的钱，这就是国债和公司债券。"叔叔听到这里，哈哈大笑："婷婷脑子好使，还能帮我找脑子更好使的 CEO，而我却是后台老板。"婷婷笑了笑说："其实，叔叔的脑子也很有智慧，而借人家的智慧是一种大智慧。"婷婷看到叔叔冲着婶婶笑了一下，心里明白了。婷婷接着说："但是，借人家的智慧也不等于包赢。"叔叔接过话："叔叔知道，喝水还有被呛到的时候，叔叔信得过你。"婷婷笑了笑说："您一定要记住，必须用 10 年以上不动用的闲钱才能做投资。"叔叔道："好，明天叔叔给你 10 万，你给安排安排。对了，你就写一个条子，提醒我自己 10 年内不动用这笔钱。"婷婷说："好，为了怕您提前挪用这笔钱，我就代您投资基金，我每年打印一份您投资的基金的全面情况给您看。"其实，婷婷还有一个言下之意，即自己人也要明算账，彼此清楚、彼此信赖，免得帮叔叔的忙帮出漏子。接着婷婷写了一张 10 年内不动用这笔钱的条子，让叔叔、婶婶都签字，并要求叔叔保管好。第二天，叔叔取了 10 万元钱交给了婷婷。

婷婷用他叔叔给的 10 万元帮他买了三只基金。两年时间过去了，这三只基金在上证指数下跌约 20% 的情形下，分别累计获得了约 35%、18%、-5% 的回报。总体上还是相当好的，其中一只非常杰出。婷婷也正在琢磨基金表现差异的原因和规律，希望能够做出更好的调整和安排。

弦外音解析

从甄婷婷帮她叔叔买基金的过程中，我们可以看出，这是投资理财中借智的财智。显然，借智的财智可以表现在许多方面。不过，单就在这个过程中，我们还必须知道，有几个重要的内容和信息是很有价值的，也具有启发性：

第一，借智也是一种非常重要的智慧。甄婷婷的叔叔借他自己熟悉而又可信赖的金融专业的侄女的智慧，而婷婷又再转而寻找她能够了解的基金进行投资，并借用基金经理的智慧，从而实现了比较正确的投资理财，这是信任与智慧的结合。但在投资理财领域，借智也并不等于包赢。对于不熟悉投资的人来说，借智是非常好的选择。但这个智必须借得合适，必须借得让自己放心，否则便会疑窦丛生、拿不定主意，甚至不能获利反而遭受损失。

第二，在投资理财领域，不是说借智就可以了，还要明白投资理财与投资期有非常重要的关系，并且这个投资期也许还与年龄有关。甄婷婷说她的叔叔一般不适合做有较高风险和较高收益的产品，是因为她叔叔的年龄并不年轻，所以，婷婷向她叔叔强调必须用 10 年以上不会动用的闲钱来投资，这是很重要的一点。一般来说，投资期越短，投资目标实现的可能性就越小。所以，一般来说，人的生命周期位置会与投资期有关系，与投资标的是否合适也有关系。

第三，人们进行投资自然希望有更高的收益，但投资者既不能有不切实际的回报率的期望值，也还要知道投资是有风险的。在通常情况下，有良好智慧的投资者，如优秀的基金经理，在较长期的投资时段上，是可以取得比银行利息更高的回报的。当然也有意外的情况，如果盲目投资，即使是投资基金，也可能遭受损失。所以，借智也还是有智慧的。刘备可以借用诸葛亮的智慧，但并不意味着谁都可以借用诸葛亮的智慧，更何况诸葛亮也会有失利的时候。所以，投资者自己的慧眼和对委托人的信任也是非常重要的。

财智闪光点聚焦

人的能力有许多方面，我们每一个人都有自己的长处和不足。借用别人的智慧和才能，是最重要的智慧之一。在投资理财、生财致富方面，借智的财智是难能可贵的。物以稀为贵，智以奇制胜。没有找不到财富的，只有找不到财智的。善于开发和利用自己的财智，善于借用别人的财智，都是做好投资理财、生财致富的重要方略。

练练慧眼

你能看到图二中的拿破仑吗？

（《隐藏的拿破仑》答案见本书第 187 页）

图二　《隐藏的拿破仑》

第5节　技能致富的财智

——千金不如一技

甄婷婷今天十分高兴，她接到她堂弟的电话，让她明天中午去吃乔迁喜酒，也就是俗话说的"搬家酒"。她高兴的是，好像没多大出息的堂弟终于日子过得好起来了，而且还买了一套大房子。婷婷因要参加这种喜庆的场面，就去做了做头发。她去找她固定的理发师秀秀。到了秀秀的店里后，婷婷看到理发店有了一点小小的变化：理发店的墙上挂了一幅对联，上联是：道是毫末技艺；下联是：真为顶上功夫。横批是：修行在人。对联的字体是隶书。对联的中间是一个繁体狂草"发"字。婷婷跟秀秀说："今天来店里我发现有点不一样了"。秀秀说："一个老教授写了这么一幅对联给我，还要求我挂在这里，我恭敬不如从命了。"婷婷说："挺好，挺好，老教授很认可你的理发手艺，还让你的理发店富有诗意。最好的是这个狂草的'发'字，很大气、很形象，不但表示头发的意思，还表示你能够发财的意思，好似要让你狂'发'。"秀秀禁不住地笑着说："干这个，哪来财发？都没人干的事，现在只剩下我这种人干了，我一天下来脚都站不稳。"婷婷说："这还不说明你的生意好？没人干，你干不完，钱也赚不完，还不挺好？你看，教授给你的这幅对联，越琢磨越有意思，对你的工作评价有多高啊！"秀秀回说："现在没几个年轻人想干这活了，找个帮手都难。"婷婷打趣道："现在很多年轻人家庭条件好，这个工作似乎不入他们的眼。其实，工作不分贵贱；若论贵贱，再金贵的头，旁人谁也摸不得，还不是就你理发师能摸摸？再高傲的头，你叫他低下，他也还不是就得低下？"秀秀笑了，打趣道："理发师也就这个能耐好。"婷婷认真地说："说真的，小小生意赚大钱。我一个远房堂妹，去国外打工，后来定居国外，就学了美发手艺，实际上跟理发手艺差不多，赚了不少钱。再后来，她勤奋好学，美发美容一起干了，用理发赚的钱开了一家美容美发店，现在年收入相当于一两百万人民币。她哥哥办厂亏掉几百万，幸亏她帮忙还了，现在她一家人简直把她当活菩萨了。"秀秀说："那是国外，赚钱容易呗！"婷婷说："错了，国外赚钱也没那么容易，真正赚大钱的，在国内机会更多。人家都说'人潮涌，钱潮滚'，咱中国人这么多，机会还是很多的。你没看到那老外多羡慕做中国人的生意，都想到中国来。你知道么？我堂妹告诉我，很多老外都有一个怪念头，就是只要每个中国人让他赚一块钱，他就可以乐一辈子了。"秀秀觉得挺有意思和挺有道理的。

第二天，婷婷到了堂弟的新家，感觉相当不错，装修也大方雅致，从窗外看出去，环境优美，近处能看到江，远眺是远山，空气清新。一大家子坐在了一起，七嘴八舌，都夸她堂弟能干。其实，婷婷的堂弟仅仅初中毕业，后来在一家小吃店里帮忙，由于他情商较高，跟厨师混得挺好，于是学了一手还不错的厨艺，也明白了一些开店的道理。过后，他成了家，自己就开了一家夫妻小饭店。小夫妻俩不辞辛劳，样样自己做，总是琢磨着如何把各式饭菜做得好吃。更特别的是，他还拜当地特色菜的厨师为师，能做几道很好的特色菜，生意日见红火，从每月千元多赚起到每月收入上万元。后来，由于道路改造，就关旧店开新店了。开新店前，他专门去烹饪培训班进修了一段时间。经过精心策划，新店规模大了许多，生意也越做越好，他用赚到的钱与朋友合伙开了一家酒店，夫妻俩分开管理，还请了一帮人，两个店加起来，每月有两三万元的收入，一年下来也有三十多万元的利润。几年下来，赚了超过百万。婷婷想到这，也不免感慨，只要努力，掌握一技之长，"钱途"也是无量的。而且掌握一技之长，也不需要多高的学历和智商，只需要一点点财商即可。婷婷想到此，就跟大家说："堂弟虽然念不了书，但一心向善。智商虽不算太高，但不等于没有智商。堂弟的情商和财商还不错，也没有妄自菲薄，而是积极进取，这是难能可贵的。如果没以上这些，不要说没能力赚到这么多钱，就是叔叔婶婶一年给他多少万也是白搭。我为堂弟的努力进取、积极向上而感到高兴。"大家都赞同。

这也印证了民谚所说的"千金不如一技"，世间类似此事有许许多多。

弦外音解析

从理发师到厨师，很多行业的技艺，是很多人都认为不起眼的毫末技艺，但凭技艺吃饭的人比比皆是，赚大钱的也不在少数。许多做不了大学问的人，完全可以学得一技之长，并且凭一技之长立身、持家和致富。这也正是技能教育的重要性所在。而那些凭一技之长赚到钱的有心者，也可以进一步寻找合适的机会，通过借智的财智，实现下一步的投资理财。

财智闪光点聚焦

每一个人都可以有自己的致富之路，每一个人都应当充分发挥自己的财智。许多普普通通的人并不需要有多高的天赋，也完全可以拥有自己的一技之长并开辟财富之路。许多独门致富的生意，也就是多那么一点不为人知的创意。羡慕百万富翁的人，是看到了百万富翁的钱，而百万富翁所自豪的，则是自己拥有的一技之长。

第 6 节　健康心性的财智

——修心养性益于智

　　婷婷今早决定回家一趟，因为今天是她爸爸的生日。她的家在市郊乡下，两个小时的车程就可到家。婷婷到家后见她爸正与九叔公在聊天，于是就跟他们打了招呼，之后就到厨房帮她妈妈的忙去了。她妈妈已经杀了一只自家养的鸡，温了一壶自家酿的红酒。在婷婷的家乡，但凡谁生日这天，吃一碗长寿面是必需的。长长的线面象征长长的寿命。在当地，线面与寿命是近音。按照家族里的老传统，这碗长寿面还应当让自己这一族中最年长的长辈分享，这既是对年长者的祝愿，也是对年长者的尊敬。因此，婷婷家今天就叫九叔公来吃面。上了桌，婷婷敬了她爸和九叔公各一杯酒后就聊开了。九叔公先开口："婷婷真让我们高兴，有知识，能上进，又孝敬父母。"婷婷爸爸接过话茬："年轻人能上进是好事，但不要太累，也不要太勉强自己了。该歇的歇，该停的停，该放的放，凡事要进退得当。老爸今天给你讲一个自己家中的故事，让你记住好好做人的智慧。"婷婷有些惊奇了，问道："我们家还有什么动人的故事吗？"她爸说："故事动不动人不要紧，但道理要紧。这个理，就从你远房的三叔公说起。你三叔公的父亲曾经赚了不少钱，也有文化，还曾经是当年的中学校长。当年他送你三叔公去读大学的时候，你三叔公并不知道自己是想救国救民还是想当英雄，就跑到黄埔军校去了。毕业后，他在蒋介石的部队当上了连长，后来还连升了营长和团长。但在他北上与解放军开战后，部队兵败如山倒。他冷静一分析，国民党将完蛋，中国将是共产党的天下，他赶紧往南撤，直到最后一个人悄悄撤回了家。一到家，他就将家里的全部财产分给了邻里。当地新政府一成立，他就立刻将自己的所有土地和财产等都捐献给了政府。他还用他在黄埔军校里学到的军事工程技术帮当地政府修水利、造桥梁、通公路，结果政府对他特别宽大处理，还吸收他到政府里工作，帮政府做事。而跟他一样从黄埔军校毕业的其他人，一回到家不久就被逮捕了，过后又都被镇压了。从这个故事里你看出你三叔公的智慧了吗？他明里是败了他父亲传给他的家业，暗里却是保了他自己一家人和子孙后代。事实上他也为社会做了大好事。"婷婷觉得蛮有意思，却又听九叔公说："懂得舍得的智慧不简单，你三叔公的做法明显就是舍中有得。但说得容易，能懂得做，却要靠人的许多心性的修炼。之所以其他从黄埔军校毕业的人不懂得这么做，而你三叔公却懂得这么做，这跟他的父亲对他的教导和潜移默化的影响不无关系，更与他自己的心明性慧不无关系。"她爸接着说："你看到了，不但三叔公后来免去了许多政治灾难，而且他的几个孩子都还是国家干部，现在不管是在经济上还是在其他方面，都很好。正是因为三叔公具有这样的智慧和其他不错的品格，也赢得了族人们的敬重，而且还是十里八乡的名人。所以，虽说是人往高处走、水往低处流，但人在上进的过程中，还是要有一种良好的心性智慧，就是能收获的且收获，该放下的要放下，需行善的要行善。这是另外一种财富。"婷婷听到这里，觉得领悟到人生的心性修养对财智的发挥会起到非常重要的作用，而且也懂得了它对财智的正确发挥也很有帮助。

弦外音解析

婷婷爸爸讲的这个故事实际蕴含了一个修心养性益于智的思路。不过对于修心养性对智慧的影响，许多人看法不一。不少人认为，修心养性只能影响人的道德水平和品格，不能影响人的智力和智商。这实际上是一般的看法，并没有进行深入的探究。

首先，我们来看看古人对修心养性与智慧关系的理解与思路。从《说文解字》来看，"思"字是从心，心在下，囟在上。这也符合心在下、脑在上的排列顺序，也意味着"下"为滋长、"上"为显现的哲理。思曰容，言心之所虑，无所不包。囟为脑门，思之窍腑。古人的解释是，心在下，是思维诞生的源；脑在上，是思维进行的腑。心脑一体，是一个系统。这种思想实际上是很深奥的，并不是一般人所说的古人不理解大脑的功能，把心误当成脑来思维了。我们现在用的"思"字，也是心在下，而把容纳和处理"思"的储存与处理器——"心灵之田地"的脑——放在上面。心脑形成一个完整的系统，构成思维和思想的功能。这比只把思维或思想仅仅当成大脑的唯一功能的认识更具有全面性。现代科学已经证明，不但心、脑具有思维和思想的一体性，就连我们的腹部，有科学家也主张纳入思维和思想的系统，称为"腹脑";如果没有"腹脑"的思维功能，就不可能吸收物质和能量提供给大脑和全身运行，从而导致思维和思想出现障碍或死亡。所以，从系统论、信息论、控制论的角度看问题，心脑一体化的思维观念，甚至更大系统的思维功能系统，都不是无稽之谈，而可能是更为合理的。

我们再来看看"性"的本体含义。从《说文解字》来看，"性"字从心。古人认为"性"是人的本性、心情、情绪、内心活动、性格、性命、属性之源。从现代看来，它似乎虚无缥缈。其实，它却是现代的基因之类的物质，甚至可能是比基因所起作用的生命信息更原始、更精微的物质，在我们的生命中发挥着重要作用。倘若我们进一步发问：基因究竟是如何由原子、分子有序地排列而稳定形成的呢？促使形成基因的关键信息和物质是什么呢？想来这将会牵涉更深的生物科学知识。而这个"性"，就有理由说是犹如基因类的更精微的物质，它所储存的信息密码是非常精妙和强大的，它的信息密码的来源，无疑也与外部世界的信息反馈有关。这样，从这个角度来看，修心养性的信息，对思维、思想以及人的本性就存在着重大的影响。如果说生命本源的"性"是演绎生命的根本、智慧的根本，那么，大脑则只是后来生成的接收、储存、处理信息的肌体功能，是生命源之信息码物质演绎出来的后者。

其次，从现代科学的角度来讲，人的道德水平的高低和品格的好坏，依然是人的意识作用的结果。而人的意识就是引领人们思想、行动等的生物能量流，并进一步表现为人的智慧、道德和品格等。由此可见，修心养性与提高人们的思维能力还是有关系的，而且人的道德和品格也不仅仅只是由人的行为所呈现的表象所决定。

再次，从财富管理和投资理财的角度来说，有一种风险就是人的心理风险、认知风险和行动控制风险。这与人们的思维能力和综合心理素质有着密切的关系。可以说，有财商者必有智商，但有智商者未必有财商。脑袋有问题，二者都不行；心智有问题，二者都不灵。

第四，修心养性还体现在思维的辩证法上。心智、意识和思维的相互影响和制约，可以让思维朝着更正确的方向前行，在动和静上，也能更好地互相补充和平衡，从而使行为更为恰到好处。在财富管理和投资理财上，也体现为该动的动、该止的止，不妄求以得心安，不妄做以得身安。在财富方面，也应该是该得的得，该舍的舍，该放下的要放下。但这也需要修心养性才可以做得好。

第五，修心养性也是一种学习，这对于提高人的智商和财商也是有帮助的。许多人之所以会更多地犯错误，就是因为知识结构不完善。可以说，在财富管理和投资理财方面之所以会有贪婪，也是因为有的人对财富管理和投资理财知识的缺失，不能形成控制自己的定力。

财智闪光点聚焦

修心养性可以使人们的心性更为健康，它有助于财智的提升和发挥。脑、心、性应是一个统一的系统，不能割裂开来。人的财智的发挥，应是人的整个系统功能协调作用的结果。

为了直观说明人的智慧的系统性问题，我们先提出如下问题：

你是相信你的眼睛还是智慧？

现在，让我们来看看图三的画面**是在动还是不动**。

你可以一直左看右看这幅图，当你的眼睛左右转动着看的时候，是否感觉到这幅图似动非动或者有些微的转动呢？这可能吗？而这又是为什么呢？

很显然，图中的圆圈不可能在动（这是由我们的智慧所形成的意识告诉自己的）。但如果说我们没有感觉到或者说完全没有看到图中的圆圈在动，那也是罔顾我们感觉到的事实所引起的。这又说明了什么呢？

这说明人的大脑形成的图像与外在的图像的实际情况会在某种情形下产生差异。换句话说，我们的大脑对外在物质的识别是有可能与实际的外在情况不符的。这极大地动摇了所谓"一切以眼见为实"的判断思路。不过，这并不影响我们的思维，即以事实为依据来确定思维判断的正确性。

很多人都知道自己是否看到了某种东西，但却并不清楚究竟是怎么看到的。事实上，我们看到的外在的物是通过具有波的连续性的光波和具有粒子性的光粒子，经过眼睛的视觉成像系统和视觉神经感应系统，把外在的物的信息传导给大脑分析系统，然后给出知觉判断并在大脑中形成映像的结果。而在这样一个过程中，大脑得出的外在物的形象与外在物的实际情形可能会因为肌

图三 　《转蛇幻觉》

体和细胞的活动而产生差别。大家最为熟知的是，我们在看电影的时候，大脑完全不能识别电影屏幕画面的动态形象是由不连贯的一个一个静态画面所组成的。所以，"以眼见为实"来判断实物的真实性，是具有一定的局限性的，而这也正是《转蛇幻觉》一图所隐藏的科学性。

由此我们必须懂得，我们要把握现象内在的真实性，除了需要眼睛的仔细识别外，还要通过意识的整合和理性的思维，才能进一步确切地认知事物的本质。因此，加强修心养性和提高人的整体素质，对自身的理性思维能力的提高、对事物本质的认识，都会产生直接或间接的作用。

同理，对于追寻财富的人来说，就是要仔细辨别财富的一些表象，通过我们的智慧进一步把握财富的真实内涵。在现实生活中，有不少人被财富的一些表象所迷惑，结果栽了跟斗，甚至跌进了万丈深渊。所以，虽然我们必须通过眼睛认识事物，但更为重要的是，要通过修心养性与提高自身的智慧，提升我们的财智、财商。

第 7 节　发挥意识创造力的财智

——化腐朽为神奇

　　甄婷婷接到她大学同学英子的电话，说她妈妈生病了，她想给她妈妈买点灵芝，但不知怎么才能买到好的。甄婷婷是热心肠的人，就跟英子说，她的一个朋友在菌草研究所工作，是专门研究灵芝的，而且这个朋友的父亲是研究灵芝方面的权威专家，保证她可以买到货真价实的甚至是上乘的灵芝。英子喜出望外。婷婷还说自己要亲自陪她到菌草所去买。

　　当天下午，婷婷就带着英子到了菌草所，只见菌草所的厅前到处摆着成堆的杂木屑、棉籽壳、麸皮、豆饼等。婷婷告诉英子："这些废料就是培育灵芝的一部分原料。这些看似废物的东西，其实是可以转化为我们古人梦寐以求的灵芝仙草的。"英子听罢啧啧称奇。婷婷又说："不过，这些废料要转化为灵芝，还需要人的智慧。凌教授在这方面建树卓著，是国内这方面的权威专家，也是亚非拉国家在该领域的领军人物，亚非拉一些国家的农业部部长来到这里，都睡在凌教授的家里。"英子震惊道："不会吧？！部长不住在香格里拉酒店，住在教授家里？"婷婷说："一点也不假，这说明了凌教授在这些国家的地位、受信任程度和友好程度。他在各类菌草研究方面所做出的成绩和贡献都非常大。"英子听到这里，对凌教授肃然起敬。婷婷带英子找到了凌梅，在相互作了简单介绍之后，她们就去看各种灵芝和由灵芝加工而成的各类产品。凌梅将其中一款灵芝孢子粉介绍给了英子，也以优惠价卖给了英子。英子买到了满意的灵芝，十分高兴。在离开菌草所的路上，英子有点不解地问甄婷婷："不会凌教授就是凌梅吧？这么年轻。"婷婷说："年轻人有大成就的多的是。不过，凌教授是凌梅的父亲。凌梅在国外学习和工作，许多人羡慕得不得了，可凌梅最终还是选择了回国协助她父亲做'化腐朽为神奇'的工作。"英子听了，觉得凌梅十分可敬。英子慨然赞道："像凌教授和凌梅这样实实在在为社会做贡献的人，真是值得人们尊敬。"婷婷接着说："令人没有想到的是，凌梅在国外大学里并不是学这个专业的，但现在却是这方面的专家。更令人想不到的是，凌教授年轻时也没念很多书，也不是学这个专业的。他刚上农业大学时就遇到了"文化大革命"。那时候，革命的口号响彻云霄，书念越多被认为越反动。但有一次，当凌教授回山区老家的路上看见一位老奶奶在采蘑菇时，他脑海中就冒出了要研究和培植蘑菇的想法。在那个物质匮乏的年代，蘑菇既是美味，也是很好的营养品。从那以后，凌教授深入钻研蘑菇和各种菌草，也包括现在大家都喜欢的灵芝。"英子惊愕道："我还以为只有学这方面高深专业的人，才能搞出这古人梦寐以求的'仙草'。看来，只要有心并努力学习和研究，都可以成为某个领域有成就的人。"婷婷说："是啊！所以不但人能够化腐朽为神奇，而且连人本身也可以化小用为大用。"

在上述故事中，我们可以注意到以下几个方面的财智价值：

第一，任何有心人都能够化腐朽为神奇。既然棉籽壳、杂木屑、麸皮和豆饼等可以作为培植灵芝的原料，那么，在其他许多方面，也都可以有这样的情形，就看人们如何开发和利用了。很多人以为变废为宝只能是有知识的人才做，总觉得自己无能为力，实际上这是消极心理。人要有创造性，离不开积极的心理；只要有心并锲而不舍地努力去做，化腐朽为神奇也不是什么做不到的事。

第二，虽然人人都能做化腐朽为神奇的事，但还是需要智慧、汗水和知识的。智慧的力量在很大程度上决定于人们的意识力量。

第三，财富的增长从何而来？都是靠人们用智慧将没有用的东西变为有用的东西，将低价值的东西变为高价值的东西，集合小价值的东西升华为超过叠加和的大价值的统一体。化腐朽为神奇，就是极具创造性地把看似没有用、低价值的东西转化成为有意义、有价值的东西。所以，化腐朽为神奇是积极的心理、创造性的智慧、高财富创造力的财智的体现。

化腐朽为神奇，充分发挥主观意识的创造力，是人们创造财富的宝贵财智之一。它既要抛弃无能为力的心态，还要确信任何事情并非都是高不可攀的，只要你有心，都会有所成就。

第❷章 意识藏财商

　　人之所以是万物之灵，是因为人的意识活动比其他动物有更高级的形态。这个意识活动，既可以是理性的，也可以是情感的；既可以是明确知识性的，也可以是潜意识的。意念的强度与意识的强度有关；智慧的发挥程度则与意识的强度、意念的强度有关；财商能力的表现与智商水平的高低与意识的强度有关。所以，穷则变，变则通，这既是事物运动转化的一个规律，也是人在意识方面绝地反击的一种意识强度。

第1节　财富的意识和观念

——我一定要挖到金

　　甄婷婷接到同学程小媛的信息，说她要请几个同学到家里一聚。婷婷知道小媛是所有同学中最有钱的，因为小媛的父亲是有名的亿万富翁，但婷婷并不知道小媛的父亲是如何成为亿万富翁的。

　　婷婷到了小媛的家，这是她见过的最美的别墅。小媛热情地招呼了她。婷婷看到几个同学正在与小媛的父亲聊天，就顺势与几个同学围坐在一起，礼貌地向小媛父亲问好。小媛的父亲看起来身体十分硬朗，神态沉稳，目光睿智。几个人海阔天空地聊了一会儿，婷婷就腼腆地微笑着向小媛的父亲提议说："程叔叔，您能不能给我们讲讲您的人生故事，让我们开开眼界？"小媛的父亲笑道："我的人生没有什么特别的，只是也许在你们看来有一点意思而已。"几个同学就乘势提议道："就说给我们听听吧！"小媛的父亲笑道："好吧！"他说："你们都知道我现在经济条件比较好，可你们不知道啊，我小时候上学，在寒冷的冬天里是光着脚走沙石路去学校的，鞋都没得穿。不要说鞋了，吃都成问题，我父亲好不容易把我拉扯大，有一顿没一顿的。我上高中后，就想不通一个问题，即祖祖辈辈都说我们家乡是金山，可怎么就这么穷？我们家乡那时真可以说是穷乡僻壤啊！不要说看不到金子，连手上要有几个硬币都难。我天天想不通啊！后来有了上大学的机会，我就学地质勘探专业，我想我一定要挖到金子。等大学毕业后，我是风餐露宿，跑遍家乡的山山水水，踏破脚，磨破手，就是想敲破万千石头敲出金子，看看祖祖辈辈说的金山究竟有没有金。说实话，我深信先人们说的话。功夫不负有心人，在和勘探队的同事们一起努力十几年后，终于确认我们家乡的金山有金。所以，当地政府就决定开发金山，请来了国内的权威专家来论证开发事宜，不料权威专家都说这金山存金量太少、含金量太低，没有开发的价值。我不甘心，我不相信金山只有一点金。后来，我决定进一步勘探，还设法自己来开发。由于矿石的含金量太低，提炼成本太高，我就千方百计地想办法降低提炼成本。结果这一关被我闯过了。随之而来的自然是挖出了金矿石。这时候的高兴啊，是无法形容的。我的苦与甜，是如此鲜明。你们不知道啊，我在山上勘探的时候，水都只能是为了维持生存而用，脚和脸都没有办法洗。再后来，连我自己都想不到，金是越挖越多。所以，和我一起吃苦和坚持不懈找金、挖金、炼金的所有同事们，毫无疑问，都富了起来。当然，金是国家的，受益最大的是国家。我个人的吃穿住行是花不了多少钱的。我赚的钱，除了慈善捐款，都逐步投给了学校，希望能为教育事业出一点力。"婷婷和她的同学听到这里既兴奋又感动。她们原先看到的程叔叔只是一个富翁，而现在看到的却是一个有着一颗金子般的心的程叔叔。

弦外音解析

在甄婷婷和她的同学听程小媛的父亲讲述挖金致富的过程中，我们可以看到这几个与财商、财智密切相关的要素：

第一，财商的高低与人们本身的财富意识的强烈程度有内在关联度。程小媛的父亲因为穷苦，因为知道金子与财富的关系，因为当地金山的传说和家乡的穷困，他毅然决然地选择了一般只有穷苦孩子才会选择的野外地质勘探专业，并克服重重困难一直坚持勘探，自始至终不言放弃。他心中要挖到金的决心，甚至连权威专家的否决也不能阻挡。我国古人有一句名言："易，穷则变，变则通，通则久。"这句话含义深广，用在财富方面，说得通俗一点，即穷得无路可走，就必须改变原来的想法；在求变的过程中，自然可以找到通路；而一旦找到通向财富的道路，这条道路就会越走越宽广。这正是许多极其穷苦的人会成为富翁的道理。

第二，财商的发挥还与人们所在地区的资源密切相关。程小媛的父亲能在自己的家乡坚持勘探并取得最终的突破，也是与他家乡事实上存在金矿这一自然资源的事实密切相关的；如果没有这一客观条件，他的财商也不可能得到有效的发挥。而许多其他地质勘探者未能获得如此成功，很大程度是因为没有这样的自然资源背景。同理，是否能够意识到充分发挥自身所拥有的各种资源优势，也是充分发挥财商的一个重要方面。换言之，意识到要发挥自己所能发挥的财商，是一个非常重要的财智。

第三，在财商的发挥过程中，坚持和忠诚的意识也非常重要。如若半途而废或者因不被别人信任而废，都是许多人事业未竟的原因。所以，意识的强度与坚持的耐力有着内在的关联度。

一个目标的实现往往需要相当长的时间过程，而这也往往是一个艰难困苦的过程。没有足够的认知，没有足够的意识强度和意念强度，很难达到目的。从这个角度来看，极其穷困的人通常更会有极强的财富意识。所以，当你极度贫困的时候，也可能意味着你正孕育着拥有财富的新希望。

可以说，除了外在的因素，不同的人生源于不同的观念；而不同的观念源于不同的意识；不同的意识源于心脑信息处理的差异性。也就是说，与我们的心脑接收信息及处理信息有关。所谓心脑接收到的信息，就是你看到了什么、听到了什么、接触到了什么、感觉到了什么……而大脑的信息处理，就是当你接收到这些信息后，你是怎么想的。而这又与你所处的社会环境、人文环境等有关，与你自身的思维能力和特性有关，与你自身的反应强度、情感体验、意识强度有关。

财智闪光点聚焦

人的意识是与人的行为和心理过程有内在关联的。而意识的强度不可避免地与人的思维创新和创造力有关，也自然与人的耐力和爆发力存在关联。由此而言，人们自己的意识主导着自己。所以，财商、财智与财富，就存在于人们自己的意识流之中。因此，提高和强化自身的财富意识、财富创造意识，形成探索财富的习惯和潜意识，是人们提高财智、财商的一个重要方法和路径。

让心中充满太阳的光辉

下面，让我们通过图四来说明意识、意志、力量与财富创造力的关系。

在这幅图中，有被狂风折倒的桅杆和风帆，船身在巨浪中飘摇，几欲被淹没。有人紧紧地抓住船上还未折断的部分，有人滚落到海里后紧紧抓着桅杆，并救助有生命之虞的伙伴……他们与巨浪搏斗，而太阳则把云彩照得通红……画面告诉我们，他们是多么英勇和顽强，他们的前方是太阳的光辉，他们的心中充满希望……画家以绚丽的色彩告诉我们，他们当中应当有人活着，即便是他们当中有人再也没有能够见到第二天的太阳，但他们的心中仍然充满希望。画家没有告诉我们的是，他们为什么出海？他们为什么要把船帆远航到波涛汹涌的地方？难道不是因为他们对生活的追求？难道不是因为他们对财富的希冀？难道不是因为他们对理想的憧憬？画家以明亮、绚丽的色彩告诉我们，在水手与风浪搏斗的时空里，即便那太阳就是落日，船上的人将走向黑暗的夜晚，但他们心中仍然充满希望，依然坚信他们能够见到明天的太阳！至少在画家的心中，有着这种金色的信念和无比坚强的意志，即便是面对狂风巨浪，也无所畏惧。正是因为画家的意识、意志、力量和创造力的体现，才有了这么一幅伟大而壮丽的生命航船图。因为如此，也使得这位画家赢得了世人的赞叹，赢

图四 《九级浪》

得了他人生的巨大成就和辉煌。这幅画的主题与上述故事中陈小媛的父亲不知多少次踏破鞋、磨破手、敲破万千石头也一定要找到金的意气和决心有着异曲同工之处，只是一个主要表现在对精神财富的追求上，另一个则主要表现在对物质财富的追求上。所以，可以说，成功需要非常大的决心、坚不可摧的意志、冲破惊涛骇浪的勇气和力量，还需要战胜种种艰难险阻以及化险为夷而走向光辉灿烂的智慧。寻找金色的财富，也是同理！

第 2 节　认知财富分配的奥秘

——金项链与茅草房

甄婷婷急匆匆地往老家赶，她要和家人一起处理一件极为重大的事情，她爸爸来电告诉她，她家要拆迁了。令婷婷想不到的是，这几年城市发展得那么快，城郊也要征地拆迁了。拆迁办要丈量她家的住房面积，并按政策给予一定的价值补偿。这面积的丈量，自然涉及利害关系。婷婷一家人带着拆迁办的工作人员把房屋面积测量完毕，也到了准备午饭的时候了。过了一会儿功夫，她妈妈把饭菜做好端上桌，一家人坐定，婷婷爸爸就开讲了："我们家原本只有四间房。1970 年代初，你叔公从南洋回来，把我们兄弟俩找来，跟我们说他不会再回家乡住了，挨着我们家的那间他的茅草房就归我们兄弟中的一人所有了，还说权当他这次回来的礼物，然后他就拿出一条老粗的金项链说：'另一个兄弟就拿这个作为礼物，这两个礼物现在差不多值一样的钱，叔叔没有更多的礼物，你们兄弟俩商量一下，谁要茅草房，谁要金项链。'当时，我估摸这金项链约有 15 钱重，反正是叔叔的礼物，我就让大哥选。不知大哥是因为房子够住，还是因为想拿轻一点的礼物，就把茅草房让给了我。时间到了 1980 年代初，我积蓄了几百元钱，又东挪西借了几百元，就把旧房子和茅草房拆掉重建，盖起了两层的土房，也就是现在的这个样子。"婷婷问：

"那么，那个茅草房大概有多少平米呢？"婷婷爸爸说："大概60平方米吧！"接着婷婷爸爸问婷婷："这60平方米的茅草房换成新房后能值多少钱？"婷婷说："我们这里以后就是城市了，这60平方米的房子盖成两层就有120平方米，按现在城里的价格，怎么着1平方米也值1万出头吧，我想应该不低于120万吧！"婷婷爸爸一听很高兴，又问婷婷："那15钱的黄金，现在能值多少钱？"婷婷正好研究过黄金的价格，稍微想了一下说："这40来年，黄金大约涨了10多倍，15钱黄金大约是50克左右，按现在价格就是1万多。"婷婷爸爸叹口气说："想不到破茅草房到如今值百多万了，而那时的黄金到如今才1万多，你伯伯心里如今肯定不好受，是不是给他们补偿一点？"婷婷说："现在不是还没有拿到新房吗？到时候我们再想想看这事怎么办比较妥。爸爸您也不用内疚，要知道，这是我们的运气好，我班里一位同学，家在离我们这里二百公里开外的高山上，那个同学连他自己家的房子都不要了，那房子一文不值。在那里，生病了看病都难，医生也不去那样的地方，连老师都不愿呆在那样的地方，小孩上个学都难。所以他那里的几户人家都搬走了。如果我们家也在那种地方，不但叔公给我们的地很可能一文不值，就连我们自家的房子也都一文不值，还是那15钱的黄金值钱些。"婷婷爸爸听后，心里觉得好受些，于是自言自语道："这东西咋差这么多呢？"婷婷笑着说："这是百多年前的经济学家们都已经讲到的级差地租呗。级差地租升了，土地与房子就值钱了；级差地租降了，土地与房子就不值钱了。"婷婷的妈妈接过话茬说："这不是我们古人都知道的事吗？叫风水宝地才值钱，要不说，一个人生在哪里，也都有命的份儿呢！"婷婷爸爸笑道："你看你看，又来了，又是风水又是命，就你信这些。"婷婷妈妈说："不是命是什么？多少人，不明不白地发了；多少人，累断了腰，也没法去北京买间房。"婷婷开玩笑道："您也想去北京凑热闹啊？个个都想呆在北京城，连北京城的汽车都堵得开不动了。人家呆在北京的人还觉得难受呢，雾霾那么严重，风沙那么大，空气那么不好，还有人担心健康问题呢，连环保部都着急呢。要是中央人民政府换个地方办公，北京房价肯定就不一样了。"一家人于是哈哈大笑。

弦外音解析

在甄婷婷赶回家处理房子拆迁的故事中，我们可以看到下面几个有关财富变迁的有价值的因素，也由此可引出：人们拥有财富，有时是无意的运气，但在大多数情形下，却是有意的财商使然。

第一，甄婷婷叔公从国外回家乡探亲时，分送给他两个侄儿的礼物分别是旧茅草房和一根金项链，这在当时价值大约相当，但在几十年后的今天，价值有天壤之别。这样的例子数不胜数。换句话说，每个人手上所持有的财富其价值会随着时间的推移而发生变化，但变化的方向和多寡是不易确定的。不过，这提醒了我们，对于手中持有的财富，一定要注意它未来的变化并进行管理。

不过，虽如上述所讲，但并不意味我们对财富就无能为力了。事实上，"预则立，不预则废"是非常有见地的古训，也是非常重要的战略。在对各种事物的运动、发展和走向的预测方面，我们的智慧和财智还是能够发挥积极作用的。消极地听天由命，并不是积极发挥智慧的态度。许多人正是由于难以做到"预则立"，所以便有了相信命运的态度。问题是，你是否应该发挥你的智慧与财商呢？

第二，我们所持有的财富在未来价值变化的大小，与社会发展对该财富的影响密切相关：如果在未来社会发展过程中，社会对该财富的需求是增加的，而且该财富的价值也是能够产生复利的、是长久而短缺的，那么，其价值大多会朝着增值的方向运动；反之，其价值将可能朝贬值的方向运动。其运动的强度则视该财富的社会需求变化程度以及其附加值的高低而定。就茅草房与金项链来说，由于茅草房在社会现代化的进程中被纳入了现代社会的城市内，所以价值急剧攀升。这是因为在现代城市里，有更好的医疗系统、更优质的教育资源、更理想的就业环境、更便利的交通和娱乐生活等，这就使茅草房增加了许多附加值，加上人口逐渐向城市中心转移，城市土地资源日趋紧缺，需求量又随着社会现代化程度的提高而增加。所以，原本价值不那么高的茅草房的地基价值就今非昔比了。而对于黄金来说，尽管也有其天然的资源特色，但它的价值增值却赶不上许多因素共振所强化了的茅草房。不过，如果一间茅草房没有这些附加值的增加，那么，它的土地价值上升就相对弱化了。在极端的情形下，如果这间茅草房的土地附加值明显减少甚至消失，比如说一些高山地区的旧房子就可能因被人们所弃居而变得几无价值。所以，财富价值的变化与社会变化的情况息息相关，有时也与自然条件的变化息息相关。而任何事物的社会价值都离不开人们对它的认可。

第三，上述故事提醒我们，应当学习和懂得持有什么形态的财富才更有增值潜力，以及在不同的社会发展阶段，可以通过持有哪些不同形态的财富以及通过良好的转换，做到对财富的保值和升值。要是在上述故事中，三叔公改为各送两兄弟 1 000 元，那么，这笔钱在当时虽说是很大的一笔钱，但到了今天，若是这笔钱以存款的方式保持着，则其货币财富的价值就大大贬值了。

财智闪光点聚焦

如果我们认知自己所拥有的财富的价值特性和价值走向，认知财富在分配、交换、持有环节的一些财富价值的转换秘密，则不但可能让我们自己拥有更多的财富，而且对于提高我们自身的财商、财智也是莫大的帮助。

第3节　认知财富交换的奥秘

——黄牛换山羊

甄婷婷喜欢吃羊肉，除了喜欢羊肉的肉嫩和膻味外，还因为她喜欢吃天然的肉制品。所以那些漫山遍野放牧的山羊肉，也就成了她的选择之一。今天她约了几位朋友一起去山区的远房表兄家，准备买一只山羊大家各分一些肉。这几个人驱车到了她表兄家，知他还在山上放牧，于是就上山去找她表兄了。见过表兄后，于是婷婷就问："表兄，你怎么想起了养这么多的山羊呢？"表兄回答道："刚开始，我只有一只耕田的黄牛，后来因种粮食成不了规模、挣不到钱，就一直想其他办法。想来想去，就想起了老前辈说的'种姜牧羊，发财没人知详'的话。我一直琢磨着这句话，却也想不出道道来。后来，我知道了一个重要的情况，那就是所有的动物吃了我们家乡的一种断肠草就都会死，只有羊是例外，而且羊血还可以救治那些吃了断肠草自杀的人。只要给自杀者及时灌进新鲜的羊血，他们就能够得救。我们这里离医院比较远，这样做比去医院还方便和及时。这让我想明白了'种姜牧羊，发财没人知详'这句话的含义。我就想，养鸡有鸡瘟，养猪有猪瘟，养牛有疯牛病，养的人怕风险大，吃的人也怕，但好像养羊没听说有什么大问题，而且羊吃了断肠草居然没事，羊血还能救治吃了断肠草自杀的人，我就想这是不是说明了羊有什么特别的地方。我也不是做科学研究的，我就凭这些认为养羊对我来说应当是比较安全的，而且又是天然放牧，肯定会受到欢迎。所以我就决定用家里的黄牛换人家的两只小山羊，一公一母，逐渐繁殖，就这样，我一步一步地养起羊来了。"婷婷听表兄说到这些，惊奇地说："我还真长见识了，不知道羊与其他动物还有这么一个区别，表兄，羊血真能救吃断肠草自杀的人吗？其他动物的血可以吗？"表兄肯定地说："我们当地人都懂得这个方法，至于什么道理，那只好留给科学家去研究了。其他动物的血就不可以。"婷婷还是一阵兴奋，没想到自己喜欢吃羊肉，还有特别的好处。她心里嘀咕着，说不定羊肉还有什么不为人知的特别功用呢，于是顺便又问："你这山羊肉好卖吗？"表兄说："现在个个都要天然产品，我这天然的山羊肉，谁会不要？"婷婷和几个朋友听了点头称是。

弦外音解析

在这个故事中，我们看到了黄牛和山羊的交换。类似这样一种普通的交换，每天都在大量地发生着，只是大多数商品交换是以货币作为交换媒介的。在这种商品交换过程中，实际上存在着财富转变和转移的情形和机会。有这方面智慧的人，将从交易中受益更多。但要真正能够在交易中发挥财智、财商而主动地得益，却不是许多人能够做到的。在这个黄牛换山羊的故事中，就有如下几个方面体现财商：

第一，婷婷表兄从自己所拥有的财富中主动寻找财富的转换，以使财富价值的增加沿着自己设计的方向发展。这是一个重要的思路。而这其中，他一定是看到了某些特别的优势和价值，同时又是一般人不曾留意的，比如，他就是因为看到了山羊的市场需求和其疾病抵抗力的特别之处，才认定放牧山羊的前途和财富增加的安全性所在。因此，在这个商品交易中，婷婷表兄实际上得到了更多的财富，因为他懂得这个财富的延伸价值，而对方却并没有失去什么，也许对方还认为从交易中受益不小呢。而这，正是商品交换的奥妙所在。

第二，在现代社会中，商品交换的形式和品种丰富多样，只要你练就一双慧眼，充分发挥自己的财商，机会是非常多的。单就股票市场，就有非常丰富的交易品种，只是进行股票商品交易并不简单。充分发挥我们自身的认知能力和财商，是在商品交易中获益的关键因素。

第三，必须树立一种意识，就是任何交易都存在财富的交换、转移与转换的情形，其中有大量的财富增加的机会。

第四，独特的思路是发挥财商的重要方式。一个物的价值通常因不同人的价值认知而产生差价。这就是机会。

第五，商品交换的奥秘揭示了：投资也是一种买卖，但它不仅仅只是一种买卖，领先的财智、财商，将创造领先的财富。

财智闪光点聚焦

商品交换中存在财富的奥秘、机会。在商品交换中，充分发挥自己财智、财商的人，将大有作为。让人们在财富交换中受益和不断创造财富，是市场经济的最大价值之一，也是市场经济的奥秘之一。

我们现在通过图五来观察一下交换所产生的奥秘。首先，我们来看看三角形下方的英译文说明："这是两个同等大小的三角形，但下方三角形中的一个正方形却失踪了。"

这两个三角形所显示的是这么一个问题：下面一个三角形中的空白方块为什么会失踪呢？

乍一看这个图也许并没有什么特别可以引起我们兴趣的东西。但当我们想解答以上问题的时候，又似乎感到了一点奇妙；而当我们解不开这个问题的时候，又会感到非常奇怪；而当我们从几何学的角度解答了这个问题的时候，又或许没感觉到这个图有什么深奥的问题；而当我们从数学的角度来考察和解答这个图形问题的时候，似乎又会感受到一种奇妙的美……

或许有人会说，这个图的问题是一个很不起眼的问题。但如果他知道这是全世界聪明人俱乐部的著名问题时，也许他会换一个角度来看这个问题。这个"失踪的正方形"也称为"门萨三角形之谜"（Mensa-triangle-puzzle），这个问题是人们所推崇的教育启发的图形问题之一，其启发的价值可深可浅，全在于人们的思维深度。

这两个大三角形以及它们的各个组成部分，完美得使无数人无法解开这个题。它的奥妙之一就在于，这个大三角形的有关几个图形的完美交换。我们会从中得到了什么启发呢？那就是对于

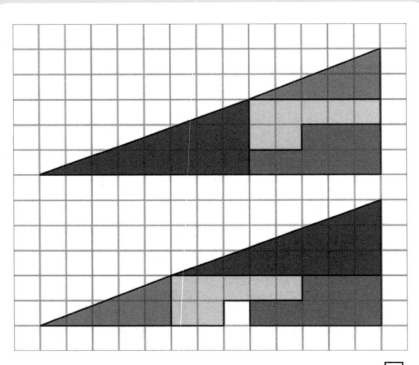

这是两个同等大小的三角形，
但下方三角形中的一个正方形却失踪了

图五 《失踪的正方形》

寻找财富的人来说，完全可以在无数的市场交换中独具慧眼，找到一般人所难以发现的机会。如果我们注意到了这一点并能够做到这一点，那么，在财富上的成功应当离我们不远了。

（《失踪的正方形》参考答案见本书第 187 页）

第4节　认知财富转化的价值与奥秘

——驴皮变阿胶

甄婷婷到车站接她多年不见的表兄。她表兄从山东的平阴县到这里来出差，顺便来看望一下甄婷婷一家。他从山东带来了好多特产，其中有玫瑰酒、山东大枣，最有名的就是山东阿胶。甄婷婷把表兄接到家，大家就聊开了，而甄婷婷最感兴趣的就是阿胶。因为她听说阿胶是著名的三大补品之一，与人参、鹿茸齐称冬令进补三宝。她问："表兄，听说阿胶是由驴皮制成的，是真的吗？"表兄说："是真的啊！"婷婷疑惑地问："驴皮咋就成了阿胶了呢？"表兄笑道："阿胶的阿，就是山东平阴县东阿镇的阿，也就是说，由东阿镇生产出来的阿胶历史最为悠久，也最负盛名。这个胶呢，就是指用驴皮制作出来的胶。驴皮要制成胶，就要把驴皮先放到清水里浸两三天，然后再把驴毛去除干净，再放到沸水中煮十多分钟，然后再用温火把驴皮熬制三天三夜，一直熬到把驴皮里的胶质全部溶化出来为止。而后，再经过一些工艺把这胶质制成块就行了。"婷婷问："那有没有加一些其他中药呢？"表兄说："没有。可能用当地的水非常重要，古代有一口煮阿胶用的水的井，现在作为文物保护起来了。"婷婷不解地问："难道那口井就能成药？我看不大可能。连做茅台的水也不能成药啊！是不是驴皮有什么特别之处呢？"表兄说："也许吧！人家为什么不用马皮、牛皮、骡皮呢？估计还是驴皮有什么特别之处。"婷婷说："据一位懂行的人说，驴皮中的胶原蛋白跟其他马皮、牛皮没什么两样，说阿胶那么补是不可能的。"表兄说："这个我不是特别懂，不过，老祖宗几千年来都信这个，而且这又不是迷信的东西，肯定得有效果才信。"婷婷继续问："那阿胶有什么作用呢？有哪些效果可以证明呢？"表兄认真地说："根据文献的记载和中医的说法，阿胶主要的作用是补血养气、安胎，按现在的说法，大致也就是有补充身体能量、增加身体抵抗力和增强身体免疫力的功效。据史书记载，慈禧太后怀孕后曾一度流血，她很怕保不住小孩，而宫中的御医又无能为力，这时，山东平阴县的一个官员就建议她吃阿胶，结果血不流了，小孩也保住了，那个小孩就是后来的同治皇帝。同治皇帝的父亲咸丰皇帝看见自己有了子嗣，江山可以一脉相承了，高兴得不得了，就给阿胶赐名，并使阿胶成了宫廷用药，阿胶从此名扬天下。"婷婷纳闷道："就凭慈禧太后这个，全中国人就信了？我看还是民间使用有效果才是。"表兄想了想，说："应当还是老百姓的力量大，很多人用了有效果才是。"婷婷寻思了一会儿，说道："按我的猜测，驴皮可能有一些特别的元素，加上特别的工艺加工后，效果就进一步得以增强。我们吃鸡肉、鸭肉、狗肉、鹅肉不是都有区别吗？老辈人说，吃鹅肉发毒，还传说明朝开国皇帝朱元璋给开国元帅徐达送一只大肥鹅，让身患'发背'的徐达吃鹅肉，让他发毒而死。就民间而言，基本上也都认可吃鸡肉温补、吃鸭肉没那么温热比较滋阴的说法。如果按一般营养学的说法，这些肉主要都是蛋白质而已，没多大差别，可我们吃了这些东西，还是感觉有些差别。我想很可能是它们所含的一些微量元素还是有些差别罢了，而这些微量元素对人体的调整可能具有极其微妙的功效。或者是在驴皮变阿胶的物理变化过程中，也包含一点点化学变化，从而极大地增加了驴皮的效用。这好比我们吃大米，生吃与熬成粥吃，对一个病人来说，作用是明显不同的。但大米熬成粥，那也只是大多数人认为的物理变化过程，大米也似乎并没有变成什么特别补的非大米的东西。"表兄笑道："婷婷，你还真行！"婷婷说："那只是猜测而已，我是什么书都看一点点。你们那里驴特别多吗？"表兄笑道："是不是特别多，我也不清楚。不过有一点你可能还不知道，好的阿胶是用整张黑驴皮制作的。另外，东阿阿胶也不一定都是平阴县东阿镇的，也可能是东阿县的。那口井，在东阿县。"婷婷说道："原来东阿镇不在东阿县啊？！"

弦外音解析

上述故事中有一个非常重要的现象，那就是普通的驴皮变成了珍贵的阿胶。在这个变化中，阿胶使我们的生活受益无穷，也使驴皮的价值陡升。物质财富形态经这种改变后，便产生和创造出了巨大的新财富。这一故事给了我们这几个方面的启示：

第一，一些物质只要经过物理变化的过程就可以使其物理和化学特性产生一些变化，如驴皮中的胶原蛋白及其他成分，经过软化提取后新产生的胶原蛋白及其他成分，就能使得使用效果产生重大变化。同样的情形在我们的生活中并不鲜见。再比如，由大米制成的米粉和用面粉制成的线面，它们原来形态都发生了改变，而新的形态满足了新的生活需求，这些基本上都只经过了物质财富的物理变化过程。这样一种方法，是我们有意识地改变物质财富形态而创造巨大新财富的一个途径，也是我们必须认知的财富价值转化和提升的一个路径。

第二，财富价值的转化和提升，还可以是一些物质的财富形态经过化学变化过程生成更高价值的物质财富形态的过程，如现代的生物工程、新药开发等，都与化学变化过程有关。现代西药大多采取化学办法研制而成，这些新药物在挽救病人的生命和减轻或消除病人痛苦的同时，也给制药厂家带来了巨额的利润。

第三，财富价值的转化和提升与信息科技的发展息息相关。不管是在软件业的信息领域，还是在金融业的信息领域，甚至是在科学技术的信息领域，等等，都体现为现代社会的最强有力的财富领域。现代信息社会存在着海量的获得财富的机会，谁在这方面有显著的财智与财商，谁将创造惊人的财富。

财智闪光点聚焦

认知财富转化的途径和方法、方向和规律、价值和奥秘，是提升财智与财商的重要途径。

第 5 节　看滚滚财富流向何处

——底特律与硅谷

　　这几天，甄婷婷和几位朋友都在兴冲冲地聊是不是要去美国的底特律买房子的事情，但究竟有没有机会，还需要一番分析。令甄婷婷感兴趣的是：为什么曾经如此辉煌的汽车城，如今却衰败成了这样子？她想，买不买底特律的房子并不重要，重要的是，美国的财富之都从底特律迁到硅谷，究竟能给她什么启示。

　　底特律过去的历史究竟是怎样的呢？美国的历史也就两百多年。早期的底特律是法国人在底特律河航行的时候所发现的底特律河北岸的一块理想的居住地，后来经过几次战争，底特律归属了美国。但在 1805 年的一次大火中，底特律只剩下了一间仓库和一个烟囱。不过，底特律是一个水上交通枢纽，后来航运业、造船业和相关的制造业逐步得以发展。曾经在 18 世纪末，底特律建造了大量的"镀金时代"的建筑，它也曾因此被称为"美国的巴黎"。1896 年，亨利·福特在麦克大道租用了一间厂房，制造出了他的第一辆汽车，从此，底特律渐渐发展成了世界汽车之都，吸引了大量的工人和居民。1940 年，世界第一条城市高速公路在底特律诞生。在第二次世界大战中，底特律因成为美国的兵工厂而有了极大的发展。随着底特律的辉煌发展，人口迅速增加，大量的制造业需要大量普通的工人，而这些工人在底特律仅仅拥有一个普通职位，但其高额的收入便可使他们成为美国的中产阶级。而且，工人力量强大，工会组织也强有力地捍卫了工人的利益。但随着普通黑人工人的大量增加，在 1967 年，由种族歧视造成了骚乱和冲突，并因此导致种族歧视的最终废除，不过也由此促使白人逐渐地离开底特律，并带走了他们的教育优势、文化优势、商业优势和创造力优势。之后，屋漏偏逢连夜雨，石油危机重创美国的汽车业，日本的节油汽车更是扫荡了美国的汽车业，底特律的汽车产业从此一蹶不振，大量的工人因此失去了工作，人们逐渐离开底特律，底特律的人口由繁荣昌盛时期的两百来万，渐渐地只剩下了几十万，大量的弃房也由此出现。人们弃房如弃敝履，因为房子本身并不贵，但房产税等费用更高。如今，因为底特律犯罪率高、房产税高、就业机会渺茫，所以人们即使花 1 美元买了底特律的房产，也未必能够发大财，更多的可能是破财甚至破产。因为假如你要花几十万人民币装修，一年要缴纳相当于人民币三四万元的房产税，还要交水电费等等，而且由于治安的问题，你还不敢住，出租也难。另外，由于美国气候的变化，还很容易使大多木质结构的房子被虫蛀而倒塌。1 美元的房子真不敢买。底特律曾经是多少人的梦想，在底特律拥有一份汽车业的工作曾经是多少美国人梦寐以求的，底特律的财富曾经是奇迹，如今却成了美国人的焦虑与噩梦。

而在美国的另一块土地上，人们却精神抖擞、英姿勃发地继续着美国梦，甚至演绎着全世界人的梦想。无数的百万富翁甚至亿万富翁，都在这里的舞台上展示着人类最精彩的智慧大戏。这就是全球瞩目的硅谷。

虽然硅谷很有名，但在地图上却找不到它。因为硅谷不是地理名词，在地图上没有标识。"硅谷"这个词，是 20 世纪 70 年代人们创造的一个词。"硅"是指当地有很多企业与硅制造的半导体和电脑有关；"谷"是指这些企业的所在地圣塔克拉拉谷，它位于美国加州旧金山湾南端的百多公里的狭长地带，其地理位置优越，气候宜人，风景优美。旧金山湾早期是美国海军的研发基地。1909 年，美国第一个有固定节目时间的广播电台就在硅谷的圣何塞诞生。这大概是硅谷迈向信息工业的第一步。

不过，硅谷之所以成为硅谷，其主要原因之一是斯坦福大学的卓越发展和它的孵化器的作用。1885 年，美国铁路大王斯坦福捐出了 8 800 英亩土地和 2 000 万美金创立了斯坦福大学。直到 20 世纪 50 年代初，斯坦福大学还只是边缘性的没多少名气的一所大学，教授们工资低，学校财政困难。但斯坦福大学的特曼教授的一个建议，却改变了斯坦福大学的未来。特曼教授提出将学校 1 000 英亩的土地租赁给高科技公司建立工业园，学校与工业园的高科技公司密切合作。这使得教学、科研和应用一体化，从而快速高效地产生了经济效益和社会效益。从此，斯坦福大学财源滚滚，大学的各个方面也得以迅猛发展。如今的斯坦福大学，既是全美国也是全世界最优秀的大学之一。

随着高科技工业园的诞生，令人惊奇的事件层出不穷。首先是晶体管的发明，让人类的文明向前迈了一大步；接着是集成电路的发明，又使人类前进了一大步；再接着是电脑的诞生，软件业的兴起，信息业突飞猛进，又使人类的文明高歌猛进。从此，硅谷成了全世界科技工作者梦想的天堂，也成了全世界各个国家谋求发展、竞相学习和仿效的经典样板。风险资本也云集硅谷，给这里活力无限、创意无穷的智慧劳动者推波助澜。

硅谷之所以成为硅谷，另一个重要的原因是，这里的智慧劳动者可以专心致志于发明创造，而无须关心什么权势和复杂的人事关系，所有的人与人的关系都全部集中于发明创造和创业，所有的社会服务子系统都为发明创造服务、为科学研究服务、为新型商业运作服务，包括法律的、财务的、市场的、政府的、教育的等等。所有的公司都注重公司与个人的专利保护，国家对专利的保护也是强有力的，并在法律上鼓励专利的诞生。人们也不害怕失败，因为"失败是成功之母"在这里被演绎得淋漓尽致。这进一步催生了硅谷人的冒险和创新精神，并形成了冒险和创新的精神文化。

硅谷之所以成为硅谷，第三个重要的原因，就是硅谷良好的创新环境。硅谷的人与人之间在人格上平等，不管谁有多富，也不管谁权有多大，人们彼此之间相互尊重、互相帮助、密切合作，这又进一步地使知识的传播没有阻碍，知识的创新得以顺利进行。所以，今天的硅谷，不仅仅是信息业的先锋，而且其生物技术、航空技术、国防电子、设备仪器、清洁能源等也在全球处于领先地位。在硅谷，平均每五天就有一家公司挂牌上市，平均每天就增加几十个百万富翁。这是当今世界创造财富的圣地。

硅谷也曾经让声名显赫的公司历经沧桑，也曾经让许许多多的公司淘汰消亡，也曾经经历互联网泡沫的冬天，但硅谷不断创新的精神，使它依然让世人景仰。硅谷的财富承载着硅谷的创新精神，向世人展示了金色的人文宝藏。

弦外音解析

从底特律与硅谷的变迁中，我们看到了财富流向的奥秘，也看到了财富的运动性质和创造财富的力量所在。

第一，我们看到了滚滚财富的运动特性。从底特律的奇迹般发展到繁荣昌盛再到衰败，我们看到了财富走向的一条线路；而从硅谷的突破性成长到历经曲折，进而又创造了使全世界赞叹的财富再到今天的生机勃勃，我们又看到了财富走向的另一条线路。通过这两条线路，我们可以领悟到财富运动的某种特性和奥秘。现如今，底特律衰败了，底特律的一栋房子只需几百美元甚至 1 美元都未必有人买。底特律再度辉煌恐怕需要相当长的时间，因为社会人文环境的改变和沉淀不是一朝一夕的。今天，旧金山湾虽然再也找不到含金的矿石了，硅谷也找不到硅了，但硅谷的人文环境、创新精神、硅谷人的勇气和渴望，都将是硅谷新的炼金术。也许，硅谷的未来也不再有硅的产品，但硅谷的精神却如同看不见的电磁波一样永存于互联网产品中。虽然底特律和硅谷同样都有旧的公司消亡与旧的产业衰退，但所不同的是：底特律是随着精英的流失而难以再有后继发展所需要的新公司诞生的力量，而硅谷却如江水滔滔般不断诞生新的公司、新的发明、新的产品、新的产业，吸引着全世界的精英。这就是硅谷与底特律的根本区别所在。硅谷的人文精神，使得硅谷不但昨天是而且今天和明天依然是人们寻求发展和成就梦想的乐园。这就是底特律与硅谷发展历程所不同的奥妙之所在，而这也正是底特律的财富既滔滔流来又滚滚流失的原因。但硅谷却与此不同，硅谷不断地开辟新的财富源流，财富持续地滚滚涌流。因此，倘若我们拥有足够的财智与财商，就应当知道滚滚的财富究竟会流向何处，否则我们面对财富的流向和运动，便会不知所措、无能为力，唯有听天由命。

第二，我们必须洞察滚滚财富流向的现象与本质的关系。财富运行所呈现出来的表象，是财富运行的本质反映。高素质人才是云集还是流失，创造力是爆发还是窒息，创造者是快乐还是痛苦，对创新是热爱还是慵懒，都是财富运行的表象，都与财富的流向有着本质的关系。只有那些富有创新精神和良好创新文化的地方，财富才会不断诞生并滚滚涌流。由于底特律靠大量低素质的劳动者支撑单一的产业，矛盾逐渐积累并爆发，所形成的社会环境使高素质的有创造力的人才感到痛苦和失望，因而这些精英选择离去就不可避免。而硅谷是靠高素质和有创造力的精英来发展壮大的，并且培育了平等和融洽的社会人文环境，这使得硅谷具有独特的优势，它持续地吸引着全世界的精英和人才，其财富创造力也源源不断。

第三，我们必须明了成就滚滚财富的主要原因和动力。从硅谷的发展中，我们可以看到硅谷发展的几个主要原因和动力：

一是作为孵化器的斯坦福大学；二是硅谷人的勇敢与冒险的创新精神；三是硅谷优良的社会人文系统。财富，可因人聚而聚，可因人散而失；财富，可由人才聚而旺，也可因人才竭而衰。这便是硅谷不同于底特律的地方。

第 6 节　认知财富的源泉
——自然财富与智慧财富

　　甄婷婷在环境优美、空气清新的森林公园里度假，有什么事就通过手机与手提电脑进行联络和处理。她在森林公园里感到十分惬意，这里宁静、悠然，地也绿、天也蓝。这里的阳光、空气、水都是大自然赐予的恩惠。然而，如这般无穷无尽、不需花钱的天然资源，却被人类所破坏，现如今还需要花一些钱才能到这样的地方享受。婷婷一边走着路，一边用手机与在美国的朋友聊天。聊天完毕，就上网搜索她要的资料。婷婷倍觉现代科学技术带给人类的好处。互联网、电脑、智能手机等是人类智慧的结晶。此时，婷婷在静谧、空气清新的森林公园里，比寻常更清晰地感受到人类是大自然的万物之灵。她思忖着：人类要拥有现代网络生活，就必须发现电的规律、电磁波的奥秘，以及发明晶体管和集成电路、编制软件……人类付出了无数探索文明的努力，才有了今天的高科技文明。这些高科技文明的财富，是唯有人类才能够创造的。

　　人类的大脑、身躯、灵魂、思想，都是大自然演绎出来的，但反过来却可以改变世界，创造出人类所独有的财富，这是多么地神奇！

从上述甄婷婷在森林公园中感受到的科技发明的种种好处，我们可以看到两种重要的财富：一是大自然的财富；二是人类智慧的财富。对这两种世人皆知的财富，我们有必要作进一步的说明。

第一，大自然的天然资源构成了人类财富的主要源泉。丰富多样的自然财富可以分为两大类：一类是我们通常不用货币计量的财富，它包括阳光、空气和水等，但却是人类不可缺少的；另一类是我们通常采用货币计量办法权衡其价值的东西，如森林、矿藏和生物等。而后一类大自然的财富，又可以分成以下几种情形：第一种是一般来说人类不能创造或者是难以创造的，但人类却可以使用，如矿藏等；第二种是大自然可以生长同时人类也可以培育的，如蘑菇、灵芝和粮食等；第三种是经由大自然的土壤和条件并注入了人类智慧的财富，如杂交水稻等。上述自然财富，有的只有人类才能使用，如金、银、铜、铁等；有一些却不为人类所独享，如阳光、空气和水等。

第二，人类最独特的是在于能够创造财富，即既可以利用大自然的财富创造出无尽的新财富，又可以创造出人类自身独有的精神财富。

只有知道财富的源泉、财富增长的动力源自哪里，我们才能更好地增加财富。财富的源泉既可以来自于大自然的恩赐，也可以来自于人类的智慧，还可以来自于大自然的财富与人类的智慧财富的结合。人类的财智和财商，可以使人类源源不断地拥有生活的新产品、新技术、新思想、新科学。

第 7 节　认识财富中的杠杆力量

——钱袋放在杠杆上能撬动什么？

甄婷婷跟许多人一样，为作家莫言获得诺贝尔文学奖感到自豪。不过，因为之前她从没看过莫言的作品，所以她想买一本他的书看看。听说莫言的书很畅销，连莫言的家乡也都更有旅游价值和吸引力了，她一时还真不知道是炒作还是真的是诺贝尔奖的名气使然。不过，莫言在获奖中受益是不可否认的事实。也许莫言能给中国带来看不见的巨大财富，至少可以让许多中国人走出中国人难以获得诺贝尔奖的阴影，继续鼓足勇气去争取和赢得诺贝尔奖，这不能不说是一种巨大的精神力量。

甄婷婷去书城逛了逛，据说莫言的代表作之一是《丰乳肥臀》，她就买了一本。诺贝尔奖就是有影响力啊，谁说不是呢？

弦外音解析

婷婷在得知作家莫言获得诺贝尔奖后，就想去买一本他写的书看看，这不能不说是诺贝尔奖的力量在起作用。自莫言获奖后，他的作品销量迅速增加。而在这当中，我们却看到了一种把金钱财富放在杠杆上并发挥到极致的力量，那就是诺贝尔奖。

在具体的个人生活中，财富杠杆的力量是可以按照个人的智慧和控制力尽情发挥的。而在财富杠杆发挥作用方面，我们可以从以下几个方面略窥一斑。

第一，当某人用抵押贷款的方式买下房子的时候，就运用了金融杠杆的作用。如果在未来的 5 年，房子的价格会上升一倍，假设他购房时首付了房款的20%，贷款期是 30 年，贷款利率是 7%，那么，他这 20% 的资金量连带这 5 年的分期付款的还款额大约取得了近两三倍的收益，远高于存款利率的回报。当然，如果房子价格大幅下跌，他就会有加倍的损失。这就是金融杠杆的力量在起作用。

第二，作为运用杠杆原理的一种方式，提前使用资金投资也是一个策略。有的人就用这种方式取得了财富积累，这样的例子还不鲜见。有个农村青年一开始几乎两手空空，后来靠一些小生意积累了一点资金。之后他想到了一个办法，就是分批分次地向朋友借一点钱，并且有借有还。第一次借的钱加上自己积累的一点钱，他买了一块集市附近的地，盖了简朴的两层楼房，一层做商铺，二层自己住。经过若干年，他将商铺赚到的钱加上自己积累的钱还给了朋友。再过两三年后，他又去朋友那里借一点钱，加上自己积累的钱，又加盖了一层楼，底下两层楼供出租，自己住三层楼。十几年下来，经过这样的反复几次借力经营，这位青年居然拥有了一幢六层楼高的大房子，下面四层租给别人开店，自己则住五、六层楼。现如今，这位青年不但拥有了数百万价值的房产，而且仅靠出租房子的收入，就足以让一家人生活无忧。这个例子也许是个很普通的例子，但我们叹服这位农村青年的眼光和提前用钱的借力智慧。

第三，在金融市场上，具有杠杆作用的投资方式有很多，除了前面讲的抵押贷款买房子的方式外，还有各种各样的期货、期权等。其实，所谓财富杠杆，就是用小量的财富，以杠杆方式取得多倍的财富。但我们必须注意，杠杆可控，能撬动更多的财富；杠杆不可控，将失去更多的财富。可控与否，关键在于使用财富杠杆的财智与财商。

使用金融杠杆力量最使人惊叹的，可算是华尔街的索罗斯，他以一己之力，通过深刻的洞察，撬动了整个英国的英镑，撬翻了整个东南亚，让许多政府要员胆战心惊，甚至怒不可遏。于是乎，阿基米德所说的，给他一个合适的杠杆和支点，他就能撬起整个地球的情形，似乎有了现代的版本。

然而，使用财富杠杆，最使人景仰的还是诺贝尔，他不但在有生之年为人类的进步做出了巨大的贡献，而且在他去世以后，依然还在为人类的进步不断贡献力量。

数不清的国家以本国科学家获得诺贝尔奖为自豪，数不清的大学和公司以拥有获得诺贝尔奖的人才为骄傲，数不清的人以获得诺贝尔奖为荣耀。诺贝尔将自己口袋里的钱放在了一个极其伟大的杠杆上。

正因为此，才出现了本节开头描述的那一幕，也就是当甄婷婷知道莫言获得诺贝尔文学奖后，就想买一本莫言的书，这是再自然不过的事情。而在这其中，无疑也就有了似有形也有形、似无形也有形的一种财富杠杆的力量。

财智闪光点聚焦

认知财富杠杆中的力量，是促进个人财富增加和社会财富增加的一个重要智慧。这个杠杆以什么样的方式表现出来，取决于你选取什么样的支点。而这个杠杆的力量，则与杠杆的支点位置、长度、强度以及所施的力度有关。但必须记住的是，要正确有效地发挥杠杆的力量，是不能不具有使用杠杆的财智和财商的。

第❸章 | 理财有谋略

　　理财既可以单纯而简单，也可以深奥而复杂，还可以既简单又深刻。任何事物都有多样性的方面，又有体现其本质性的简单而又深刻的方面。但是，要抓住简单而又深刻的本质，却不容易做到。深思熟虑理财的本质，洞察理财的多方面内容，战略性地谋划投资理财，是充满智慧的。

第1节 保存力量

　　甄婷婷今天又把银行里的部分钱转为定期存款了。她要把这部分定期存款分为以下三个用途：一是为了应急用钱；二是随时准备用于合适的投资标的；三是可以在前两项不动用钱时，获得较好的定期利率回报。婷婷深知把钱存在银行里，一般情况下都跑不过通货膨胀的幅度，但这并不等于存在银行里就不是办法。她知道自己需要保存力量，以便应对生活中的一时急需以及适时地用这笔钱壮大财富的力量。在她看来，盲目投资是不可行的，擦亮眼睛、寻找合适的投资目标是必需的。而这需要时间来完成自己的精心分析与策划，有时还需要耐心来等待投资机会的出现。她并不认为每时每刻遍地都可以投资，投资也绝不是那么容易的事。

　　婷婷在银行里作相应的必要的存款安排，这只是她保护自己生活、保存自己财富力量的一个方面。她还为自己买了一个保护网——一份较完善并适合自己的保险。除此之外，婷婷几年前已用抵押贷款的方式买了一套自住房，这也是她财富保值的一个方面。

弦外音解析

　　在投资理财中，最基本的一个策略是保存力量。保存力量包括保护生活、保护财富和保存财富购买力，第三项即我们通常所说的财富保值。

保护生活：一是要手上有资金以应付生活所需，尤其应对紧急需要。这就是甄婷婷必须考虑在银行里要有相应存款的原因。二是要运用保险等工具为自己建立生活的保护网，所以婷婷为自己买了保险。三是要使已有的财富能够保值，维持应有的购买力，所以她根据自己的经济实力买了一套自住房。

保护财富，分为保护自身已有的财富和未来潜在的财富力量。而这两个方面，都可以通过保险这个工具来实现或者部分实现，也可以通过已有财富的保值投资来补充实现。在保护自身未来潜在的财富方面，比如说，假设你现在每月工资 8 000 元，一年就有 9.6 万元，10 年就是 96 万元的潜在收入（暂不计工资的增加）。但这需要一个前提，那就是你必须让自己的身体足够好且能够顺利工作 10 年，才可以有这笔潜在的收入；而一旦身体出现大问题，这笔潜在的个人收入就不可能获得。由此也可以类推其他情形。所以，甄婷婷为自己买了一份适合于她自己的保险，以作为保护她自己财富力量的一个方面。

在财富的保值方面，通常涉及投资。究竟如何投资才能够做到保值甚至增值？甄婷婷是在相对合适的时间买了一套自住房，以作为她实现保值、增值的目的。在投资理财中，有许许多多的保值、增值策略，选择投资房地产只是作为其中的一个策略。在相对合理的价位投资房地产，一般来说，可以实现相应的保值和增值。

讲到保值，自然就要明白通货膨胀的概念。通货膨胀作为社会发展的如影随形的副产物，几乎是不可避免的。适度的通货膨胀有助于推动社会的进步，但过度的通货膨胀，尤其是恶性通货膨胀，将严重阻碍社会的进步与发展，严重影响个人的财富保护。通货膨胀率，是衡量通货膨胀程度的一个指标，其中也蕴含通货膨胀的界线。通常，人们把通货膨胀分为温和型通货膨胀、剧烈型通货膨胀和恶性通货膨胀，与此相对应的，是相对合理可忍受的通货膨胀、必须严重警惕的通货膨胀和造成破坏性的恶性通货膨胀。要在投资理财中跑过这三种典型的通货膨胀，则是一项巨大的挑战。掌握各种各样的投资理财策略，是应对通货膨胀挑战的基本方法。在所有的投资理财策略中，第一个基本策略是要保存力量，也就是要做好财富的保护和保值，做好生活的保护和保障。

而要更好地做到保存力量，还必须综合其他投资理财策略，使其共同发挥作用。

财智闪光点聚焦

投资理财有许多策略，其中一个基本策略就是保存力量。保存力量，既可以通过保护财富的方法，也可以通过保护生活的方法，还可以两者兼顾。保存力量，既可以采用保险这个工具，也可以运用能实现保值、增值的投资工具。一般来说，合理价位的房地产和黄金，具有一定的保值功能，有时也是对抗恶性通货膨胀的利器，具有相应的避险价值。

漫话竞争、战争与保存力量

本书图六描述的是俄国军队在 1877 年击退土耳其军队的一场保卫战。从画面上看，倍亚济堡垒坚如磐石，其居高的有利地势和稳固的石砌工事令人印象深刻，展示给人的是极好的防卫阵地。画家深深地感受到这个堡垒的军事防御地位的重要，它为俄国军队击败土耳其军队提供了坚固的军事要地，奠定了胜利的基础。所以，画家在讴歌防御战胜利的同时，也对这个堡垒以热情的讴歌。堡垒的坚固画面给人以强烈的震撼。

要保护好生活，使财富保值，就要保存财富增长的力量，寻找一个防御高地，建立一个坚如磐石的堡垒，这在激烈的市场竞争中无疑是非常重要的策略。而在风云变幻的投资中，牢牢掌握保存力量的思路，是获取投资收益的出发点，也是克服盲动投资的主要方法。

图六　《倍亚济防御战》

第 2 节　壮大队伍

　　马健今日有空，他想见见住在离他家不远的中学同学甄婷婷。当然，也因为甄婷婷比较熟悉金融方面的知识，所以他们可以好好聊聊投资理财的话题。

　　到了甄婷婷家，两个人就聊到了投资。马健说他喜欢买成长性好的股票。甄婷婷就问："那你如何界定成长性呢？"马健说："就是在未来若干年，企业的业绩能够成长若干倍，起码年增长率能够达到20%以上。期间，公司的规模也可能迅速壮大。"甄婷婷继续问："那你如何能够确切地了解你所关注的公司的成长性呢？"马健说："首先，要判断该公司的产品发展前景是否有持续的强烈增长的市场需求；其次，要判断该公司的经营业绩是否足以证明这一市场的发展潜力；最后，该公司的经营管理层是否有卓越的能力，是否厚道、诚实和可靠。"婷婷想了一想说："你的思路，我基本赞同，但就是难在可靠的证明上。"马健笑说："是啊，这就是做股票的一个难点，不然大家都可以轻轻松松地在股市里赚钱了。可是，如果我去创业，要让公司成长起来，同样要克服许多困难。就我目前的情况来看，创业的难度更大一些，倒是去支持那些已走上成长轨道的公司更好一些。"婷婷想了一下便问道："这几年，以你这个投资策略，投资效果如何？"马健说："在这个牛快熊慢、牛短熊长的过程中，不赔钱就算不错了，而我总体平均还能有大约 9% 的收益，我自己觉得也确实不错了，至少，自我感觉良好啊！"婷婷称赞道："确实不错，如果大牛市来临，你一定有更大的收获。只是，在你看来，这种成长的策略是最好的吗？"马健想了一下说："这是我所能够掌握的比较好的思路，其他的我没那么有把握。因为我总认为，世界上财富的增加，最主要的方式是靠成长的方式，尤其有时某些革命性的、爆发式发展的新产业，其增长的速度更是惊人。有时，这些领域又是我们难以参与的，这个时候，通过股市参与，可能就会有机会。当然，如果可能，自己创业并参与甚至引领新产业的发展，那是最好不过的了。如果那样的话，发展起来可就如江河奔流、浩浩荡荡。只是这种时机的掌握和公司的运行却也是不简单的。"婷婷笑着说："看来，你还蛮有激情的，总有一天，我想你会找到合适的创业机会的。"马健也说："但愿能有机会，不过行得通才是硬道理。我现在要做许多方面的创业准备。要是能够成功经营一家真正有效益的公司，我此生足矣！"婷婷鼓励道："足智多谋而又真诚的人，终将天遂人愿！"

弦外音解析

在投资理财的策略中，成长的策略是主要的策略之一。从马健的投资策略中，我们可以看到他力图选择可靠的、具有良好成长性的股票作为成长性投资的一个策略。而正是因为马健在成长性投资的策略上下了一番工夫，才使他在整个股市表现不是很理想的情况下，仍然能够抵抗市场下滑的压力而取得良好的回报。

社会与个人有许多途径可以获得财富，但要实现财富的迅速增长，这离不开财富的有效成长和发展。财富的成长和财富的增值似乎语义相近，但财富的成长却更侧重于把资本投向能更快发展、成长性更加突出的朝阳产业；也就是说，成长策略不仅要实现财富的增值，而且更要实现财富的更高效增值、更卓越成长。

财富的成长性策略，既可以通过实业的创业来实现，也可以通过股权投资的方式来实现，还可以通过对自身或家庭成员的智力投资来实现。

应当说，任何个人与社会的总体财富的迅速增加，都需要财富的高效增长。因此，人们必须深刻地认识到财富成长的特性和规律，才能有效地促使整个社会和个人财富的增加。

所以，投资理财中的重要任务就是要敏锐地寻找成长性的领域与方向。也许有人在寻找中迷路，有人在寻找中发现宝库。但只有积极地鼓励绝大多数人去探寻和思考，才能正确地找到财富成长的领域与方向，获得更多的财富。

虽然要正确地寻找到财富成长的领域与方向并不容易，但也并不是不能有所作为。只有持积极的心态和有作为的心智，才能更好地分析财富成长的对象、探索财富成长的规律、找到财富成长的领域。也可以说，准确地把握财富的成长策略和财富成长的思想，是投资理财过程中有价值的理念之一。

另一方面，财富的成长总是与新发明和科学技术的新突破紧密相连的。所以，在投资理财中，需要密切关注科学技术发展的新趋势，尤其是那些引起社会生产力重大变革的新技术、新发明。有重大突破的新技术、新发明，无疑将促使整个社会得以迅速发展，使财富巨量增加。谁参与或支持这些重大的新技术、新发明，谁就将会有更大的收益。

财智闪光点聚焦

财富成长观念和成长策略，是投资理财需要掌握的。认知财富成长的领域与方向，探索财富成长的特性与规律，熟练运用财富成长策略，是壮大财富力量和取得良好投资理财的重要法宝。

成长之美

为了对财富成长的思想和策略有一个更加深刻的印象，我们来欣赏一下墨西哥画家奥克塔维奥·奥坎波的一幅简洁明了的画，见图七。

在这幅画中，我们既可以欣赏到自然之爱和自然之美，也可以欣赏到鸟儿之爱……画家通过简洁的笔画，勾勒出了意味深长的多维度欣赏的视角。该图意象优美：巢里的小鸟将会在鸟妈妈的喂养下成长而飞向蓝天，鸟妈妈的爱、辛劳、希望，也都寄望于幼鸟的成长和飞翔。这幅画的奇妙之处还在于，由三只大鸟和一颗大树边缘的空间组成了一个美丽端庄的女子，象征人与

图七　《鸟儿之家》

自然的相通。显然，女性象征爱、传承和未来。同时，"成长和未来"的意象，让我们对成长概念的印象更为深刻。

同理，在投资理财的意识和观念上，我们若有极强的成长意识和观念，运用成长策略就能够收获更多的财富。

第3节　稳扎稳打

甄婷婷吃完晚饭想在小区里散散步，她刚走出楼不远，就碰到了沈大姐。沈大姐平常很重视理财，也喜欢与甄婷婷谈投资理财方面的事。甄婷婷问沈大姐："你今年手上的股票怎么样啊？"沈大姐说："一般般，今年创业板表现大部分很好，但我没买，我只买了那些业绩稳定的中小板股票，数量也不多。"婷婷说："创业板也是小盘股，为什么你不喜欢呢？"沈大姐笑着说："只是我自己的感觉，创业板业绩的稳定性更难以把握。而在总体上，我一直认为要把握好股票投资比较难，所以，我对股票只是小量投资。"说到这儿，婷婷就继续问："那你是怎么考虑和策划投资理财的呢？"沈大姐说："最踏实也最有把握的是，把钱存进银行获得利息。所以，我力求银行利息最大化，也就是争取存进银行的钱都能拿到五年期的利息。为了避免急用钱时打乱这个计划，我就对存款做一个合理的分配，并能实现轮动式的五年定期存款。但即使如此，我还是感觉到银行存款并不是积极的理财办法，所以，我就想把每年的利息用于投资股票，将利息部分用于把握性较难的股票投资，并希望这部分资金能取得较好的回报。万一这部分投资有什么闪失，对我来说，也不会伤筋动骨。尝试之后，我还发现了这样做的一个好处。"婷婷觉得沈大姐的投资理财方法也蛮有意思的，听她说有所发现，更饶有兴味，就说："你能在投资理财中做到有所发现，还真不简单！你有什么大发现啊？"沈大姐说："我发现，中国股市是急牛慢熊，而在这急牛慢熊的节奏中，总体上又是慢牛。于是我用每年的利息投资股票的办法，就消解了许多风险。因为大牛市的高峰只有那么几年，所以，我投资于股市的大部分资金都并不在股市的高峰区域。这样，我这部分投到股市的资金总体上就降低了风险，提升了获利的能力。"甄婷婷惊叹道："大姐，你还真是个理财的有心人，而且你能有克服贪念的方法，不能不说是一种大智慧。你无心于股市的分分秒秒的涨落，却成了股市投资的有心人。你能有这个发现，说明你的投资眼光很了不得，也是一种很好的投资方法。这真也可以说是一种稳扎稳打的投资理财方法。"沈大姐笑道："人有许多弱点，就像听你说这赞扬我的话一样，我总是爱听。冒大风险火中取栗，是大部分人常容易犯的错误，所以我必须设法控制自己的贪念，走稳当的路子。"婷婷接着说："是啊，每个人必须根据自己的情形确定合适自己的理财方式。"

弦外音解析

沈大姐的投资理财方法，应当说有其独特的一面。对于那些不太熟悉高风险投资的人，谨慎投资是必须坚持的一个策略。在提高理财收益、降低投资风险方面，有许多因素值得人们思考。沈大姐的理财方法也是可以借鉴的一个路子，尤其是对那些倾向于保守投资的人。但综观整个投资理财市场，基本的表现特征还是高风险对应高收益、低风险对应低收益，而通常，过低的收益又会面临通货膨胀的风险。因此，要在这两方面风险中取得稳当的收益，需要投资理财的智慧。

低风险策略可以较好地保住所投入的资本金，而高风险策略则可以获得高收益但风险却大。这两个策略该如何平衡，是见仁见智的问题。但要真正找到有效的途径和方法，没有相关的投资理财知识是难以做好的。如果没有很好地动用自己的财商，投资理财也是难有卓越成绩的。

低风险策略，是一般不谙于投资理财知识的人优先考虑的，也是那些更乐于保护整体资金安全的人的首选，同时还是那些惯于稳扎稳打的投资者更愿意选择的策略。这个策略是绝大多数理财者的普遍选择。

但是，低风险通常也意味着低收益。这对提升投资理财来说，显然有其局限性。如果能够对有较高风险的投资领域与投资策略有所了解，那么，就可以对这个局限性有所突破。

一般来说，高风险对应高收益，否则没有人愿意明摆着冒大风险还会去投资。世上总有勇于承担风险而想获益更多的人，否则突破常规就会成为困难，只是一般人必须衡量自己是否有能力承受这个风险。

我们还必须知道，低风险对应低收益、高风险对应高收益只是总体上的一种表现和规律。而对于具体的情形，需要作具体的分析。实际上，正是因为存在某种低风险、高收益的情形和机会，所以人们才会乐于四处寻找机会并进行探索；也正是因为存在某种高风险、低收益的情形，才使得有些人感觉到自己上当受骗，或者投资效果不佳，或者投资屡屡失败。应当说，正确认识有关投资工具的功能及其价值，是进行正确投资的一个基本而重要的思路。打个比方来说，一个懂水性的人跳进较深的水里并不感觉有多大的危险，而其实际上的风险程度也小；而一个不懂得水性的人跳进较深的水里，肯定深感威胁，而其实际上所面临的风险自然也大得多。所以，要消除涉水所形成的威胁，重要的是要学会游泳，要掌握过硬的游泳技术。因此，深入地掌握投资理财的有关工具，是必须努力做的事。尽可能地熟悉较多的投资理财的工具和策略，有助于人们选择更适合于自己的投资方向。每一个投资领域、每一种投资工具都有其自身的功能和价值，运用得恰当，就可以充分发挥它的作用并带来财富；运用得不当，也许能带来额外收益，但更多的则可能是损失，甚至带来灾难。

所以，当我们掌握了有关投资工具的功能及其价值所在之后，就可以尝试，高风险的投资也不是完全不可以的。只有有勇气探索高风险的投资，才有机会获取更大的投资收益，也才有机会找到那些未必就要真正承担高风险的相对高收益的投资。不过，在做高风险投资的时候，我们必须谨记人性存在的弱点，必须让风险控制在可控的安全范围内：既不可孤注一掷，也不可盲目投资。

总的来说，如果能将低风险与高风险策略较好地结合起来加以运用，就能够更好地规避风险和提高收益。沈大姐利用滚动的较高储蓄利息，再组合做较高风险的股票投资，就是这种结合的一个例子。

绝大多数理财人士，更喜欢也更适合稳扎稳打的投资理财方式。规避风险是一个基本的策略与思路，但规避风险不等于就是不投资高风险、高收益的领域。而真正规避风险的办法，是要确切认识风险的来源与掌握解除风险的方法。不过，这样的认识与掌握，还需要理财人士自身在学习和实践中得以实现。在尽可能规避风险的同时，采取稳妥积极的理财策略，这是投资理财中稳扎稳打的一个重要策略。

第4节　攻守兼备

殷莉是甄婷婷多年的朋友。她想在周末见见甄婷婷，就给甄婷婷打了个电话。甄婷婷也很高兴，两人就约好了见面时间。不过，殷莉这一次是想与甄婷婷聊聊投资理财的事。

之前殷莉在别的朋友的推荐下买了一只基金。时隔两三年，基金的收益并不见起色。她总觉得这样的投资还不如把钱放在银行里。她对投资这只基金心里老觉得不踏实。所以，她很想与婷婷聊聊，想知道这只基金的投资价值究竟如何。殷莉见了婷婷，就谈起了她所买的基金的事情。婷婷问："你这只基金近两三年来增长了多少？"殷莉说："大概6%强些。"婷婷问："你这只基金是投资什么的？"殷莉回道："是股票与债券的一个组合，说是大约七成的股票、三成的债券。"婷婷接过话说："这种组合挺好。你现在两三年成长大约6%，从目前来看，还不如银行的利息回报，但不能说就没了投资价值。投资要经过一定的时间段才能比较两者的收益高低。我们一般不可能在任何时间段都能知道投资哪一个品种是正确的，因此，要全面评估投资的价值，必须符合某一个标准才行。你这只基金，实际上已经很好地规避了或者说战胜了股市这两年下跌的风险。一旦股票市场上扬，你这只基金的总体收益应当比银行利息高些。而且，你这只基金在股市下跌的情况下没有遭受损失，已经很好了，并且还让你处在主动的情势下。"殷莉松了一口气，她说："照你这样讲，这只基金还是可以继续投资的？"婷婷语气肯定地说："应当是。你这只基金既含有股票又含有债券，这样一个投资组合，在投资上既有进取的方面，也有较保守的方面。如果用兵法上的术语来说，就是进可攻、退可守，攻守兼备。基金经理通过各方面的评估，一旦认为股票市场的投资环境欠佳，或者说股票市场的投资机会不理想，就会把基金的投资比例倾向于投向债券，从而降低投资股市的风险；而一旦认为股市的投资机会来临，或者说股市的投资机会比较好，就会增加股票投资的份额，从而相对提高整体资金的收益水平。"殷莉想了一下说："要是没有这种转移投资的灵活性，而是固定的3：7比例呢？"婷婷说："即使这样，也有相对分散风险和稳定收益的作用。因为，虽然在股市上涨时全部资金没能更好地获利，但却避免了股市下跌时全部资金遭受更大损失的风险，从而避免了使你的投资处于更加被动的局面。而且，债券的稳定盈利，也会部分抵消因股市下跌所造成的损失。"殷莉又问："要是基金经理把股市的投资机会看反了，在该投资股市时不投资股市，而在该投资债券时不投资债券，那岂不是会遭受更大的损失？"婷婷笑着说："如果确实发生那样的情形，那么，你说得没有错。只是基金经理一般都是专业人员，而且基金经理的投资运作还受到基金管理公司的方针指导与制约，发生这种反向运作的可能性很低。而从你目前的投资情况来看，并没有发生这种反向运作的情况。"殷莉想了想，赞同道："这只基金，到目前为止，确实是没有发生过这样的情形。"

弦外音解析

股莉所买的债券与股票组合的基金，是一种较低风险与较高风险组合的平衡性基金。这类基金通常具有进可攻、退可守的运作空间。至于基金经理运用这个空间的效果，则依不同的基金管理公司的具体投资策略与该基金经理的操作策略而定。一般来说，个人投资要运用好这个空间的价值，就不那么容易，也不那么方便。这种混合型的平衡投资策略，通常也称为风险平衡策略。这种策略有多种表现方式，可以依投资者对投资的价值与风险的理解不同而有不同的组合。不过，股票与债券的组合是风险平衡投资中最主要、最常见的类型。

有些公司会通过对相关的风险平衡投资所组合的标的进行分析，并设立相关的可投资的指标参数和规避风险的指标参数，然后通过电脑功能的强大设置与处理，来实现风险平衡的投资。这种投资方法也可以称为程式风险平衡策略，或者说是自动风险平衡策略。这种自动风险平衡策略能较好地克服投资过程中的人性弱点，即过度的疯狂和过度的恐惧。通过高速电脑的运行，还可以相对及时地处理机会和风险的突破情况。但这种策略显然也存在运作机械性的缺陷，所以，基金经理的紧密跟踪管理也是不可或缺的。对于自动风险平衡策略，一般个人投资比较难以做到。但个人投资可以参照风险平衡投资的优势，设定自己风险平衡投资的方法与策略。

财智闪光点聚焦

如果说投资的市场如战场，那么，在投资领域就必须有许多的策略。对于绝大多数的投资者来说，在一个有足够时间跨度的情形下，寻求相对安全而又有较好收益的投资产品，是投资者普遍期望的，也是理智的。而风险平衡策略就是一种较好的可操作的策略。投资相关的组合型基金，就是这种投资策略的体现之一。至于该风险平衡基金究竟会有怎样的具体表现，则需要投资者对该基金管理公司和基金经理的投资策略和投资水平多作深入的了解。对于投资水平高超的个人投资者而言，也可以依据自身的投资情况来运用风险平衡策略。

总体而言，风险平衡策略是一种稳健的攻守兼备的投资策略。

第 5 节　集中兵力

单立奇到了办公室，见到甄婷婷和几个同事，就被招呼了过去。甄婷婷向他提议，让他给大家讲讲股票投资的心得，因为单立奇的股市投资成绩在办公室的同事中还是比较出色的。不过，单立奇也知道，在办公室的同事中，也不只是他在股市里投资成绩不俗，所以，他就直率地说："那我们就讨论讨论吧！我也就那么一点投资心得。"甄婷婷直接问道："那你投资股票，用得最多的策略是什么？"单立奇说："我最主要的投资策略，就是集中策略。"甄婷婷又说："那你就给我们讲讲你的这个集中策略究竟是怎么一回事？"单立奇清了清嗓子提高嗓门道："这个集中策略，就好像军事上集中优势兵力战胜敌人一样，就是做一个恰当的集中突破，讲究的是集中的优势和价值。这集中策略之一呢，就是集中精力研究你所要投资的领域与个股。我认为，只有集中精力，才能进行深入的研究和分析，才能避免或减少投资认识上的错误，才能尽量避免掉入投资的陷阱，才能取得投资的主动权，才能最后取得投资的总体佳绩。这集中策略之二呢，就是要集中资金投资在自己已经集中精力研究过的好企业上，这个也好像军事上讲究集中兵力一样，以让自己的资金得到更有效的发挥。集中策略之三呢，就是要集中精力跟踪与修正自己所做的投资。我认为，任何事物都是不断运动变化的，做长期投资也不意味着就是投资上的一劳永逸。"甄婷婷又问道："那你不担心投资上的一个大问题，那就是全部鸡蛋放在一个篮子里的风险？"单立奇笑笑说："不担心是不可能的。正是因为担心，所以我才必须做深入的研究。只是我认为，解决风险的最好办法和解除担忧的最佳途径，就是要真正认识风险的来源、风险存在的原因，然后寻找规避风险的方法和途径。我不崇尚盲目的分散，至少是我不喜欢那样做。因为我的精力有限，我不可能深入地研究那么多东西。"甄婷婷笑着问大伙儿："怎么样？大家认为单立奇的这个集中策略如何？"小兵说："依我看，单立奇集中策略的思路是很有价值的。巴菲特的投资策略，也是以集中策略作为主要的投资策略之一。巴菲特所说的'风险来自于你不知道自己正在做什么'就是指，你对自己所要做的投资没有做深入的了解和研究。"甄婷婷接着说："我看，集中策略的思路是有正确的内涵的。不过，集中策略也还意味着你必须有能力做到深入的研究。如果你不能做到这一点，那么，你就有可能形成把全部鸡蛋放在一个篮子里的风险。"小兵受到甄婷婷的启发，接着说："是啊，集中策略是一个好策略，但我们必须清醒地看到，集中策略也不是对所有的人来说都是成功之道。当你不能在集中策略中很好地排除风险的时候，分散策略还是有其价值的，也是必不可少的。所谓'兵无常势，水无常形'，就是说我们要依具体情况做具体分析，要依具体情况制定相应的投资策略，这样才能因符合实际情况而获得投资的成功。任何僵化的思想是要不得的。"甄婷婷思忖了一下，接过话说："依我看，集中策略的关键点，就是既需要你集中精力做深入的研究和分析，还需要你自身有能力做到深入研究与分析。离开了这个关键点，集中策略就可能产生相应的风险。"单立奇说："应当说，这个关键点是非常重要的。不过，所谓的深入研究与分析，又具有某种相对性：一是对'深入'这个概念理解上的相对性，即深入到什么程度才叫已经深入了；二是对深入程度的能力的理解也存在相对性，因为每一个人的能力是有相对性的。总的来说，深入是必需的，但不管怎么深入，在这个复杂的投资市场里，犯错误还是难免的，包括被人们称为股神的巴菲特，也在所难免。所以，从总体的投资过程来看，做好投资，就是要最大限度地减少投资的失误，使得总的投资成效方向，按收益远大于失误造成的损失、收益战胜通货膨胀的方向前行。而要真正做到这一点，按我的理解，就必须着眼于做好集中策略研究。"

弦外音解析

深刻地理解集中策略与分散策略各自的优势与价值，是做好投资的一个重要方面。

一般来说，大多数人更加推崇分散投资，也普遍认为分散投资可以分散和降低风险，这是有道理的。大多数人对"不要把鸡蛋都放在一个篮子里"的说法较为信赖，这也是分散投资的价值所在。但是，究竟需要多分散，还得有一个度。盲目的分散，极有可能适得其反。而这个分散度的掌握，则又是因人而异的。

但在集中策略这个问题上，运用较多的人士多为对专门的投资领域有较多了解的投资者。因为对于集中策略的概念，普通投资者较少深入了解，也相对难理解一些，而且还会担心集中带来的风险。再者，集中策略的运用也有一些难度，或者说，要达到有效运用集中策略的效果，必须具备较好的投资分析能力。

虽说分散策略是人们降低风险的普遍策略选择，并且也较易于实施，但分散策略还是以某种较被动的方式来降低风险的。而其降低风险的成效，也未必能达到人们的期望值。而集中策略则更注重分析风险的因素和来源，也更注重从根本上化解风险。在降低风险方面，集中策略具有更加主动的特征。尤其是如果能有效地运用集中策略，则在获取收益方面，成效更加显著。集中策略的最大优点和价值，就是最大限度地发挥投资资金的效用。只是对集中策略的理解，也是因人而异的。但总的来说，集中策略是解决投资不专而造成投资失误这个问题的利器。

在许多人看来，分散策略与集中策略是存在矛盾的。从某一个角度来看，这两者确实存在矛盾的方面。因为分散总不能意味着集中，集中总不能意味着分散。但是，我们也必须看到，正是因为这两者是矛盾的，所以才可以有机地形成统一体，从哲学上来讲，也就是对立的统一。若能把握好分散策略与集中策略的一个很科学的度，两者是完全可以相辅相成的。

财智闪光点聚焦

在我们懂得分散投资的价值后，还必须懂得集中投资这个策略的价值。集中投资策略可以有效地化解分散投资中的精力分散、时间受限、研究深度受限等不足。集中投资策略可以使人们更加深入地研究和分析其所要做的投资，从而使人们能够更加正确地认知所要做的投资价值，进而更加准确地明了风险的因素和来源，最终更加主动地化解风险，从而使投资的效果更为理想。

总之，集中策略也是极为重要的一个投资策略。运用好集中策略，是提高投资效益的重要途径。集中策略与分散策略都有其本身的价值。而集中策略与分散策略的对立统一，更是有效降低投资风险和提高投资收益的一种投资哲学。

可以说，投资既是科学，也是艺术，更是哲学。

第 6 节　飞镖选择

　　甄婷婷今天兴冲冲地回母校看望她的老师。当她走进教学楼办公室的时候，听到自己的老师在和其他几位老师大声地讨论着什么。甄婷婷好奇地站在办公室门口听了一会儿，原来，王老师正与其他老师讨论股市投资中选股的一些理论问题。其中一位老师坚持说，华尔街早在上个世纪七十年代就曾有一个著名的实验，就是以投掷飞镖的办法选出的股票，与专家们精心研究选出的股票进行比对，发现经过一段时间的价格波动后，其表现差不多是一样的。还有人从理论上指出，用飞镖选择股票的原理，就是强大的随机漫步原理在起作用。王老师则不同意这个观点，他坚持认为股市投资是有规律可循的，正确的投资理论知识和创造性的投资智慧是可以发挥作用的。这时，王老师一转身，看到站在门口的甄婷婷，便招呼她进去。甄婷婷首先向老师们问好，然后说："还是老师们继续讨论吧，我正好可以向你们学点东西。"王老师说："婷婷啊，股市投资中有一个著名的故事，就是用飞镖选择股票的故事，你知道吧？"婷婷说："知道，知道。"王老师说："我们正在讨论这个问题，依你的观点，通过投掷飞镖选择股票与通过我们的金融智慧选择股票，能一样吗？"婷婷说："我以前在看到这个故事的时候也觉得不可思议，也不太清楚究竟是怎么回事。一方面，总觉得这么一种用投掷飞镖来选择股票的方法，都不会输给投资专家所选择的股票，有一点难以置信。另一方面，却有这么一个有板有眼的实验，也颇觉得并不是无中生有，也蛮有意思的。后来，我也一直在考虑这个问题。在我看来，这个故事包含了一个非常重要的道理，那就是许多经济与社会问题可以表现为多元的特征。而且，这个故事还体现着另一个非常重要的规律，那就是随机漫步原理。随机漫步原理及其总结出来的规律，也是可以运用于股市的。"几个老师听甄婷婷这么一说，也都很感兴趣，就说："婷婷，那你就继续说说你对这个问题的看法吧！"婷婷接着说："我认为，首先，在股市复杂的市场行为中，确实存在随机漫步的特征；其次，在众多股票表现的起起落落中，总体上也会表现出随机漫步的特征；最后，在影响股市的复杂社会事件中，也会存在着随机漫步的特征。因此，随机漫步原理应用于股市，会有它正确的方面。但是，如果由此就得出结论，说投资者根本没有能力进行正确的选股，这就极端了。人还是有主观能动性的，股市本身就是人创造的。所以，发挥人的投资分析能力，在选择股票的积极行为中，还是能够有所作为的。很多人在面对复杂的股市时，完全否定人的主观能动性，我觉得是不可取的。运用科学的经济和投资原理，还是能够在股票投资中发挥正确而积极的作用的。但反过来，运用科学的经济和投资原理，也不能抹杀随机漫步原理的正确方面。也可以说，把随机漫步原理运用于投资领域，本身就说明某个投资原理与其他投资原理是可以相辅相成的。"王老师听婷婷这么一说，颇感诧异，就说："婷婷啊，你长进还真快，我们还真应当请你来学校当个教授，你的思路还是挺辩证的。"婷婷调皮地说："我这大学毕业生，又没拿到博士头衔，就别指望当教授了，我只能在社会上跑跑腿。"王老师也开玩笑说："要是当年的蔡元培当校长就好了，就可以不拘一格降人才。当年没多高学历的梁漱溟，一样可以在北大执教。"另一个老师也开玩笑道："别说当年了，当年国难当头，教授还很是值钱。现在太平盛世，遍地都是教授，没那么值钱了。"

弦外音解析

飞镖选股，许多人误认为就是指任意选股。其实，飞镖选股运用了一个重要的规律，那就是随机漫步原理。随机漫步原理是指某一事件的发生是随机的，是不能控制与预测的。把这个原理用于股市，就是说，股市的波动是随机的、任意的、毫无目的的，没有人能够准确地预测到股票的涨跌。基于此，人们为了能够在随机漫步的投资情形中进行有效投资，导出了一种非常重要的投资方法，那就是费用平均投资法。

费用平均投资法就是指，在一个波动较大而又无法把握的市场中，采用定期定量的投资方法。这么一种定期定量的投资方法，可以有效地通过平均化的数学运算规则，降低投资风险并提高投资收益。我们以下图作一个说明：

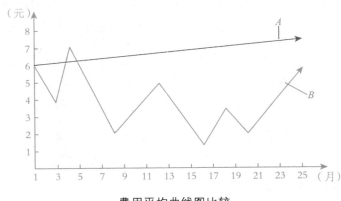

费用平均曲线图比较

在上图中，B 投资品种呈现出一种波动较大的随机漫步曲线。在这条曲线中，如果你以定期定量的方法进行投资，那么，以同样数额的投资量，在价格较高时买入，则所能买到的单位份额自然就少；在价格较低时买入，则所能买到的单位份额自然就多。通过这样多次反复的高低曲线运动的不同价格情况下的份额积累，或者说，当把以高低曲线运动价格所买的份额相加，再以一个不低于平均价的价格卖出，就可以取得不错的盈利。

在上图中，A 则是一个缓慢而又一直向上的投资品种。如果将 A 品种与 B 品种比较，那么，要是一次性的投资，这两者的投资效果就是：A 是确定可以盈利的；B 是不确定能否盈利的。但如果是在某一个时间段里，以定期定量的投资方法，那么，投资 A 的盈利仍是确定的；而投资 B 的盈利情况，根据统计规律，大体上也是可以确定的，但不是完全确定的。所以，绝大多数的人，如果叫他在 A 与 B 两个投资品种中进行投资选择的话，他

基本上都会选择 A。只是根据投资原理，即波动大的品种往往有更大的投资潜力，因此，若采取定期定量的投资方法，则往往是投资 B 的盈利效果会更好。所以，当人们看好波动大的 B 类投资品种时，为了克服波动的不确定性，又希望能有确定且良好的投资收益，则就会采取费用平均投资法。

如果我们对上述的 A 与 B 两个品种的投资表现趋势，实施按上图所示的每月定期定量的投资方法，那么，若假设每月定期投资 1 000 元，则每月月初所对应的 A 与 B 的价格情况及所购买的单位量可示例如下：

月序	A 价格	购买单位量	B 价格	购买单位量
1	6.000	166.667	6.0	166.667
2	6.048	165.344	4.8	208.333
3	6.096	164.042	4.0	250.000
4	6.145	162.734	5.5	181.818
5	6.194	161.447	6.5	153.846
6	6.244	160.534	4.8	208.333
7	6.294	158.882	3.5	285.714
8	6.344	157.629	2.1	476.191
9	6.395	156.372	2.3	434.783
10	6.446	155.135	3.0	333.333
11	6.498	153.894	4.0	250.000
12	6.551	152.649	4.5	222.222
13	6.602	151.469	4.2	238.095

月序	A 价格	购买单位量	B 价格	购买单位量
14	6.655	150.263	3.0	333.333
15	6.708	149.076	2.2	454.546
16	6.762	147.885	1.3	769.231
17	6.816	146.714	1.8	555.555
18	6.870	145.560	2.5	400.000
19	6.925	144.404	2.5	400.000
20	6.981	143.246	2.0	500.000
21	7.037	142.106	2.0	500.000
22	7.093	140.984	3.0	333.333
23	7.150	139.860	4.0	250.000
24	7.207	138.754	4.5	222.222
卖出	7.265	3 655.65	5.2	8 127.555
说明	（满两年）	（累计）	（满两年）	（累计）

投资 A 的总收入：3 655.65×7.265=26 558.3（元）

投资 A 的总利润：26 558.3−1 000×24=2 558.3（元）

投资 A 的年化利润率：［2 558.3/(1000×24)］/2=5.33%

投资 B 的总收入：8 127.555×5.2=42 263.3（元）

投资 B 的总利润：42 263.3−1 000×24=18 263.3（元）

投资 B 的年化利润率：［18 263.3/(1 000×24)］/2=38%

这些数据说明：若以定期定投的费用平均投资法投资 A 产品，则经过两年的持续上升，两年的总投入的总利润是 2 558.3

元，换算成折扣年化利润率约为 5.33%，实际资金的年化利润率约为 10.66%；而以定期定投的费用平均投资法投资 B 产品，虽经过两年的曲折低迷大波动，但其两年的总投入的总利润却是 18 263.3 元，是投资 A 的 7 倍多，换算成折扣年化利润率达到了 38%，实际资金的年化利润率约为 76.1%。

由这一例子可以看出，通过投资的数学模型，能够证明运用费用平均投资法有其有效的投资策略价值；换句话说，即我们可以通过运算证明：在上述的 A 与 B 的趋势模型品种中，用费用平均投资法投资 B 要比投资 A 效果更好。

这种费用平均投资法即为根据随机漫步原理而导出的简单而又奇妙的投资法。

应当指出，运用费用平均投资法，可以较好地使风险降低、收益提高，但它也并不是完全包赢的方法。因为，当上图中 B 的曲线是长期不断向下时，是无法取得盈利的。不过尽管如此，费用平均投资法还是不失它的科学投资价值的。

我们再回过头来看飞镖选股的"神奇"表现。这里应当注意一下一个非常重要的比较前提，那就是时间问题。当你选取不同的时间段来进行比较时，这时，飞镖选股与按科学投资原理选股的表现就会有不同的情形，也会得出不同的结论。所以，我们不能把某一合理的东西极端化或者绝对化，每一个原理都有它适用的范围；或者说，大多数的社会性真理是有条件的、有域界的、有时间性的。

所以，我们既可以按价值投资理论来进行投资，也可以按经济规律来进行投资，自然也可以按随机漫步原理来进行投资，即按照费用平均投资法来进行投资。这些投资的科学原理是可以相辅相成的，而并不是纯粹的非此即彼。

财智闪光点聚焦

用飞镖选择股票的故事，其真正的价值是导出了科学的费用平均投资法。这个投资方法和策略有它独到的价值。对于普通的投资者来说，在面对波动极大而又难以把握的投资品种时，运用费用平均投资法有极高的价值。尽管用飞镖选择股票的故事在于力图说明股市的不可预测性，但我们还是不能据此来完全否定投资者是有能力做正确的投资选择的，尽管这并不容易。完全否定人的智慧的作用是不理智的，也不符合股市的功能是有利于总体社会进步并服务于经济的这么一种设计的。因此，科学的经济和投资原理，在投资领域还是有其价值的。

考考自己的眼力

人们对这个世界的认识究竟有多深，有赖于人们自己的眼力和智慧；对财富和财富机会的认识究竟有多准确，也同样有赖于人们自己的眼力和智慧。所以，现在我们就试试、练练、考考自己的眼力，而这其中也包含有一定的想象力和判断力。

图八是呈现将军一家故事的画。画家告诉我们，只要透过这个家庭的拱门，便可以窥探到将军不为人知的隐秘故事和非凡的人生，以及将军究竟是如何从一个极其贫苦的农民的孩子成

图八 《将军一家》

长为一名卓越的英雄的。家庭中的所有成员都出现于画面中，其中有他的父亲、母亲、妻子和其他家人。现在，你能在画中找到将军一家几个人的脸呢？

应当说，丰富的想象力、准确的识别力、深刻的思维力，是我们发现财富、把握财富和管理财富所不可或缺的财智。

（《将军一家》参考答案见本书第 187 页）

第 7 节　突出优势

与甄婷婷一样，冯小兵也是投资大师巴菲特的粉丝，因此这天他就跟甄婷婷谈起了巴菲特究竟何以能成为巴菲特的事情。冯小兵坚持认为，只有美国的证券市场才能成就巴菲特。甄婷婷就此问冯小兵："为什么说只有美国的证券市场才能使巴菲特成为名扬世界的巴菲特？"冯小兵郁闷地说："只有美国的证券市场才是真正的金融市场，才能有给股东创造惊人利润回报的机会。换句话说，在市场经济中，除了建立等价交换的关系外，还需要很多的市场文化和制度作保障，在这些方面，我们还有很长的路要走。所以，我认为，在中国市场进行投资，不是说没有机会，也不是说不能赚到钱，但想要出现巴菲特式的人物，恐怕很困难。你看美国、德国，在美国、欧洲经济危机后，即便引发了世界性的经济危机，但它们的股市指点仍然再创历史新高。我有时候还觉得，在中国还是不要投资证券市场的好，还是去投资别的比较好，受益的机会可能更多，效果也可能更好。"甄婷婷似乎没有那么悲观："你说得不无道理，但这其中有几个问题我们必须看到，一是我们是学习人家的东西，消化了多少，有待历史的回答；二是在经济运行中，总有金融证券市场这一块，不管回报高低，总有人在做，不同的是资本的运行效率与回报率究竟能不能更好地为经济服务；三是实体经济能不能真实地、长期地、有效地发展，既关系到资本的运行效果和回报高低，也关系到对资本的吸引方向。不过，这些都是证券市场投资者所不能控制的投资因素。而我更感兴趣的是，巴菲特之所以成为巴菲特，是他所具备的个人特质，是人们可以学习的。"冯小兵笑道："你说的也是，就我们当下证券市场的投资者来说，不如探讨巴菲特这些个人特质倒是更实在一些。婷婷，那你说说看，巴菲特究竟有哪些个人特质是我们可以学习和借鉴的呢？"婷婷想了想说："巴菲特有许多方面的特质，比如说，耐心，这些是有的人可以学来的，有的人却不一定学得来的；再比如说，巴菲特的价值观念，这是许多人可以学习的，但能不能掌握其价值的精髓，就看个人的悟性和努力程度了；但我认为，最重要的一点，也是所有人都可以学习的，而且也应当要学会的，就是巴菲特能有意识地充分发挥自己的优势。"听到这，冯小兵忽然认真并兴奋起来，说道："那你能不能说说巴菲特是如何有意识地发挥自己的优势的？"婷婷说："巴菲特在对年轻人演讲和交流时说，他与其他人并没有任何不同，他说他在年轻人的眼里，他与年轻人的主要不同也许是他钱多，但他说他并没有比大家更多地吃大餐。如果年轻人一定要从他身上学到什么的话，那就是他每天起床后都有机会做他自己最爱做的事，天天如此。这或许是巴菲特对年轻人的最好忠告。"冯小兵若有所悟，却又带着一丝迷茫的神色说："我觉得这句话真是肺腑之言，也是大多数人又感觉似是而非的真理。这与爱因斯坦的一句名言相符，那就是'爱好是最好的天才'。不过，就这么一句话，好像还不能清楚地让人们明白巴菲特之所以成为巴菲特、之所以成为世界顶级亿万富翁的道理。"甄婷婷接过话说："是啊，就这么一句话，许多人听了，虽觉得有道理，但未必都深深地放在心上。若按我们中国人的讲法，就是只有那些心有灵犀一点通的人才能够豁然开朗。而事实上，虽然这句话很通俗，很多人也听说过，但我们却需要认真地琢磨这句话背后所包含的深刻理念和智慧，只有这样，才能深深地认识到这句话的重要性和价值，才能深深地把这个认知刻在自己的心坎上并作为自己的人生指南。而且，更为重要的是，要是能够使社会形成一种行动的文化和基因，其意义与价值就极大了。"冯小兵听到这里，继续问道："那对于这句话，你是怎样理解的呢？"甄婷婷稍思片刻，说："依我看，天天做你最爱做的事，其一是意味着你在做你自己最擅长的事，是在做有你自身有优势的事；其二是意味着只有你做自己最爱做的事，才能够持之以恒地进行探索，才能够累积许许多多经验和教训；其三是意味着只有自己爱好某一件事，才能激发自己内在的潜能，唤醒自己独有的天赋。"冯小兵接过话说："那么，在你看来，巴菲特之所以成为巴菲特，主要是因为他非常关注自己的爱好、天赋、才能是否能够得以充分发挥。结合你的看法，在我看来，巴菲特的成功，除了受益于美国的投资文化、企业文化和法制文化外，按照你刚才说的，还受益于美国崇尚发挥个人才能的文化。这使得更多的人能够注重自己的天赋才能的发挥。而我们的文化则更强调统一和服从，更强调在这种统一和服从的前提下实现社会和谐，并由此还着重强调思想的统一。"婷婷沿着小兵的思路，继续说道："新的经济制度的变革，应当会产生新的先进文化因子。但不管怎么说，首先，发挥每一个人自身的最大潜能和天赋，应当是每一个人自己的责任。其次，社会系统的机制和功能也负有相应的责任。所以，在我看来，我们社会的变革应当沿着这个方向，才能实现更大的进步。"小兵还是略微沉重地说："只有当发挥我们自己的天赋成为每个人的主动意识而且植根于每一个人的潜意识中时，个人和社会才能够在资本创造、财富创造、技术发明、科学发现等各个方面发挥更大的作用。"

弦外音解析

市场如战场。在资本市场中，发挥自己的独特优势，也是一种优胜劣汰的自适应原则。在投资领域，自适应原则衡量投资人究竟适合于什么样的投资理财模式。只有投资人的个性、才能和知识等方面能有效地发挥价值并产生经济效益，才能说明他适合于某一种投资理财模式。

要发挥自身的独特优势，我们不能不注意下面几个问题：

第一，必须确切地清楚自身的独特优势究竟在哪里。一般来说，自身的独特优势由自身的性格、天赋能力、知识素养和特别技能等方面组成。通常，如果你沉浸于某一事物或对某一事物入迷，或者说能够迅速地掌握它，或者能有自己的创造性想法，那么，这就可能是你的独特优势，并且如果能取得突破性的进步或成就，自身也深深地感到满足，那么，就可以进一步地确证你的优势所在。

有时，有的人并不容易明了自身的独特优势所在，但千万不要否定自身拥有的独特优势，这种否定是极其消极和有害的。

还有一种情况我们必须加以区分，这就是，人们所拥有的知识与天赋才能不能划等号。我们必须懂得，人自身特有的天赋才能是属于先天秉赋，知识是后天可以学到的。但知识和技能通常可以使天赋才能得到更好的发挥。不过，如果是阻碍天赋才能发挥的知识或技能训练，反而有极大可能摧毁你的天赋才能的发挥。所以，能否沿着自身天赋才能的方向发挥，增加知识和提高技能，是区分是否能够让你充分地发挥自身独特优势的一个分水岭，是决定最终你是否能够成就特别的你的关键所在。

第二，要有意识地去突出自己的优势。关于这点，除了要认识到自己的独特优势外，还要有意识地去发挥。不少人都拼命学习或者进行技能培训，但却违背了自己的天赋才能，所以终其一生不能有所成就。许多人虽然也知道自己的独特优势所在，但却被生活所迫，一生忙忙碌碌，却不能做自己爱做的事，不能发挥自己的天赋才能，最终即使工作有所成就，但并不能达到卓越的境界。因此，在这个世界上，真正有卓越表现的人很少。

第三，要主动地增强自身的独特优势。在这方面，除了要认知自身的独特优势并有意识地去发挥外，还需要能够主动地增强自身的独特优势；也就是说，要在发挥自身独特优势的方向上，主动千锤百炼、累积知识、娴熟技能，而且还需要考虑发挥独特优势的环境选择以及建立发挥独特优势的行动系统。

发挥自身的独特优势，还有一个非常重要的因素，那就是要建立强大的自信心。自信心可以有效地增强能力的发挥。

当你做某一件事时，如果认为自身毫无优势，那么能做的最好选择，就是终止做这件事。

发挥突出优势的另一个思路就是借力，即可以通过寻找好伙伴、好帮手或者好助手、建立团队来充分发挥自己的独特优势。

我们还必须注意到，无效的行为沉溺和能发挥自身独特优势的爱好，不是一码事。比如说，喜欢抽鸦片与爱好发明创造，是风马牛不相及的事。而这种"喜欢"行为的根本区别，是这种行为是否对自身或者对社会有益，也就是说，这种行为是否会给自己或给社会带来经济价值、经济效益或其他的效能。

在投资理财领域，要发挥自身的独特优势，就是要确定：在金融投资领域的各种工具中，你究竟熟悉哪一种，你究竟喜欢哪一种，你对哪一种工具有独到的见解或有创造性的思路，你认为对你而言哪一种投资工具能够盈利，你能针对哪一种投资工具主动地增加知识和提升技能。

巴菲特深信自己会成功，是他为自己找到了能够充分发挥自身独特优势的工作，找到了一种能够增强自身独特优势的方式，并强有力地、有意识地发挥自身的独特优势。所以，我们必须明白，巴菲特说他的成功主要得益于他天天能够做他爱做的工作，其实是巴菲特有意识地将爱好、工作和发挥自身的独特优势融为了一体。这就是我们必须要学习和从中得到启发的一个深刻道理。

我们还要认识到，人的心理倾向是时常会产生偏颇的。在人们对自身的认知上，许多人习惯于更加注重认识自身的毛病、缺点和不足，却往往忽视了更为重要的、更加擅长和更有创造性的一面。而这恰恰是能够让我们更加快乐的一面。许多人并没有能够很好地发挥自身的正能量，因此常常被负能量所淹没。

财智闪光点聚焦

要想更好地做好投资理财，有意识地发挥自身的独特优势是非常重要的，甚至在更广义的创造财富和收获财富的意义上，也都是非常重要的。而自身的独特优势是由人的性格、天资、知识、技能等方面组合而成的。要知道，充分发挥人的天生才智优势强于盲目的勤能补拙。后天的努力，如果是沿着充分发挥天生才智的方向行进的，就能如虎添翼。而通常意义下的勤能补拙，自然也是有它的积极作用和现实的价值。后天的努力，如果背离充分发挥天生才智的方向，那就很可能是事倍功半，甚至是对才智的严重浪费。要注意的是，我们一般的学校教育都侧重于知识的累积以及一些技能的训练，却较少针对个体的天赋才智进行开发，所以，这个最重要的工作就落在了我们自己身上。

在投资理财中，毫无疑问，如果你不能让钱为你强有力地工作，你就必须不辞辛劳地为钱工作。天下没有免费的午餐，充分发挥你的独特优势，是你创造财富和获得财富的制胜法宝。

第**4**章 | 多样财富使你更富有

　　大千世界，财富多种多样，有我们看得见摸得着的财富，如黄金、土地、房产、矿产等，也有我们看不见摸不着的财富，如精神、智慧、文化、思维等。正是因为财富具有多样性，社会各方面的财富需求才能得以满足，各种各样人的生活需要才能得到满足，并且由此激发起人们追寻多姿多彩财富的梦想。

第 1 节　石头之王

　　李艳雁打电话给甄婷婷，说她公司在这个星期天有个自助餐聚会，请她到公司热闹一下，顺便聊聊天。艳雁是婷婷的中学同学，她在小有名气的房地产公司做财务工作。

　　甄婷婷趁星期天闲暇，就去找老同学艳雁，正好也可以放松一下。甄婷婷在公司找到了艳雁，却见她正与一位老先生聊天谈事。艳雁见到婷婷，就高兴地跟老先生介绍说，婷婷是她的老同学，然后向婷婷介绍了这位老先生，说："这是我们公司的老板王总。"婷婷碰到艳雁公司的老总颇感意外，就礼貌地向老先生问好："王总好！"王老先生也连连招呼说："坐，坐，坐。"几个人就渐渐地随意聊起来。艳雁说："我们老总虽然没有进过高等学府，社会知识却是学富五车。虽然没有戴一副眼镜，却眼光独到。你看他普普通通，根本不像亿万富翁。在我们公司，大家都戏称他是石头王，也就是石头之王。"这是由于王老先生几乎一辈子都与石头打交道，所以就有人戏称他为是石头之王。婷婷觉得挺有趣，想来这"石头之王"的称谓定有来历，就笑问老先生："您的员工这么称呼您，您不生气么？"老先生笑着说："我这辈子少不了与石头泥土打交道，也是实至名归呀！"甄婷婷见老先生和蔼可亲，挺随和的，又听他说到这一辈子，就好奇地继续问道："您老人家能不能给我们讲讲您的经历？是什么成就了您的现在？也给我们启发启发。"老先生和蔼地笑着说："我也就是普通一苍生，再平凡不过。我年轻时便是一个石匠，专门替人家盖房子砌地基的，后来我发现越来越多的房子采用水泥浇铸地基，我就想，搬沉甸甸的大石头砌地基，还真不如用粉末的水泥和着石子沙子来得容易。后来，我才知道，这水泥原来也是另一种石头做成的。人家把石头变成泥、变成灰，却又可以把这灰和泥变得与石头一样坚固，而且还方便。我想啊，这世界还真是很奇妙啊，我自己这么多年来搬这么大的石头来盖房子，赚这份苦力钱，还真是有点犯傻。后来，我反复推敲，如果能够就用这石头变成的灰和泥来盖房子卖，赚钱岂不更容易？从此，我就设法到建筑公司承包盖房子。再后来，因缘际会，我接手了一个楼盘建造。我也没想到啊，我就由此而一发不可收拾了，逐步走上了房地产建设的道路。我想啊，这里面估计也还有三分命。我这人呢，做人做事也喜欢像石头一样结实，这可能也使我的命跟石头一样硬，人们都说"地势坤，君子以厚德载物"。不过，细想来，也应当还有几分运气，包括时代机遇的运气。"婷婷听到这儿，十分敬佩，啧啧称奇："王总眼力真是非常独到，而且您又随和大气、平易近人，这些都值得我们学习。"艳雁接茬道："多少年来，多少读书人只想着'安得广厦千万间，大庇天下寒士俱欢颜'的诗句，而王总却是让天下寒士俱欢颜的人。"王老先生却笑着说："可很多人都在骂我们这些人呢，说我们为什么不把房子卖便宜一点。他们不骂那些买了便宜房子再倒手赚了几倍钱的人，却骂我们暴利，我们哪有几倍的暴利？再者，如果房子多到都难以卖出，哪来的暴利？我们这些人并不控制土地和其他的自然资源，也不能控制社会，哪来垄断暴利？"婷婷也觉世事幽默，不禁噗嗤一笑。

弦外音解析

这世界有许多宝贝，其珍贵程度全凭人们的认知。有人说金玉是宝、宝石是宝、钻石是宝，还有人说田黄石是宝、夜明珠是宝，也有人说天然奇异美石也是宝。可这位王老先生，却硬是把不起眼的石灰石变成的水泥、石子、沙子外加钢筋和砖头，变成了赚大钱的宝贝。他的身家超过了一般拥有金玉、宝石、钻石、田黄石和夜明珠的人。什么是财富？除了实实在在的物质财富外，眼光独到也是一种财富。这在投资理财的领域里，也是一样的道理。以下我们主要是以房地产作为生活资产的财富代表，考察一下房地产究竟是一种什么样的财富。也许，更多人关心的是，究竟房地产在投资理财中有什么样的功能和价值？

在财富构成中，房地产是重要的一项。而房地产在人们心目中的地位与价值，还与国家的经济政策和社会文化价值取向有关。在我国，大众一般都喜欢投资房地产，这其中可能存在多种因素：第一，房地产投资是看得见摸得着的，心里会觉得比较踏实，也会觉得比较安全；第二，在传统文化中，很多人都把买房、建房看成是自己一生要完成的大事之一，安居乐业是人生的最大追求；第三，很多人都认为房地产是可以保值和增值的；第四，国家的政策因素导向及对房地产的价值变动会产生影响，如货币政策、人口政策、城乡差别政策和房地产政策等是变化的，尤其房产税的变化，会对房地产的投资价值产生重要影响。

但在目前，房地产的投资价值主要还是体现在满足居住需要、抵抗通货膨胀和实现保值及增值的方向上。而且，如果以按揭的房贷方式购房或投资房地产，房地产投资还具有金融杠杆的功能，这个杠杆功能自然也有利弊两面。如果这个杠杆是在风险控制范围内的，那么，这个杠杆的作用将可能是利大于弊并在你的掌握之中的，否则风险的失控也可能是灾难性的。

房地产通常有以下几种形态：一是纯粹的地产；二是纯粹的房产；三是地产与房产的结合体；四是含有其他附加值的房地产的综合体，比如具有文化和艺术价值的古建筑等等。所以，要投资房地产，就必须对上述几种形态进行价值分析。

1. 地产。地产是房地产价值的核心要素，即使在没有土地所有权的房产中，依然有地产概念中的地产使用权和地点价值的要素。

如果你要向房地产专家请教怎么买房或投资房地产，他一定会告诉你一个最主要的原则，那就是，地点，且除了地点还是地点。那些拥有优势的地点，就是人们目光聚焦的地方。不过，如果我们能用动态的眼光考察"地点"，那就更有可能成为投资房地产的赢家。虽然地是不会动的，但社会却是运动的，人员社群也是流动的，而且最重要的是，除了自然因素外，土地的价值通常是由那"一群人"本身来界定价值的。因而，当沙漠变成绿洲、荒原变成都市或者闹市变成荒丘时，其土地的价值突变更鲜明地向你说明了地产价值的变迁与升降。

由于一个国家或一个地区的土地资源的有限性，土地资源具有了稀缺资源的属性。而若是居住人口不断增加，就会使土地消费不断增加，那么，土地作为最重要的资源之一，其保值和增值的功能是显而易见的。

即使人口不增加，且土地消费量也不增加，那么，由于通货膨胀的原因，货币量会越来越多，但由于土地具有稀缺性，所以土地的价格必定随货币量的增多而上涨。这就是土地价值中的重要的保值功能。只是，必须防止这种价值被严重提前透支。

2. 房产。房产通常多多少少也与地产有牵连。房产中的土地使用权的价值，既可归入地产价值，也可划入房产价值。就其性质来讲，归入地产价值更为合适。但在房产的实际买卖中，将其划入房产价值一起考虑也是可以的。

就土地使用权的价值而言，其与土地的使用权的时间长短有密切的关系。比如说，某房子的土地使用权限为70年，在不考虑该房子使用权接续转换的政策下，该房子的土地使用权所剩的时间越短，其所能成交的价格相对来说越低。但如果有土地使用权的延续转换政策而得以延长时间，这一情形自然就产生了变化，其成交价格将得到比较大的提升。

如果撇开土地使用权这个问题，那么房产的价值或价格通常是递降的，因为用于建筑的材料在不断老化和陈旧，且由于建筑材料的科技进步，原先的建筑材料的价值通常也会大幅贬值。另外，建筑款式和审美变化的时间因素通常也会使房产的价值贬值，但这并不是完全绝对的。所以，通常大手笔花在装修上的费用较难在房子卖出时得到保值或升值。但如果装修具有特别的艺术价值和文化价值等，则另当别论。不过，由于装修材料和劳动成本的通货膨胀因素，房产中建筑材料和装修材料等价值的贬值趋势会受到一些修正，在某一时期，这些方面的价值在总体上还可能显现出保值和增值的相对效果。而凝聚在房产中的劳动价值因素，在大多数情况下会呈现出保值和升值的趋势，这主要是由于劳动力成本大多随通货膨胀而上升的缘故。

3. 房地产。从国际的角度看，具有土地所有权和使用权的房产，称为地产与房产相结合的房地产。不过，在我国，所有土地归国家和集体所有，所以，我们只能拥有房地产的土地使用权，这是我们的国情所决定的。房地产中真正的地产所有权的价值因素，是任何公司和个人都不拥有的，公司和个人只能拥有有限的使用权价值。

因此，基本上可以说，我们通常所说的房地产的价值或价格，是由前述的地产（主要是土地使用权的地产）价值与房产的价值两部分构成的。当然，特别情形下，还会有房地产的附加值。

4. 房地产中的附加值。（1）艺术价值。如果房地产在建筑形态、结构、使用材料的独特性、加工工艺、装修布局上，具有非常高的艺术价值，那么，就会大大提升该房地产的价值。尤其是当该艺术价值上升到受国家和社会的重视程度时，该房地产的附加值就会非常高。

（2）文化价值。如果有某房地产在具有艺术价值的同时，还体现了文化价值的沉淀，那么，该房地产的附加值就会更高。通常这类房地产会受到当地政府的保护，甚至可能受到国家的保护。

（3）历史价值。如果某房地产具有历史方面的价值，同时还兼具艺术价值和文化价值，则其附价值也会很高。

（4）风水。在许多人的思想里，风水概念夹杂着科学与迷信的成分。实际上，现在已有人从科学的角度解释民俗中的风水科学成分了，比如说，房地产所处的地理位置较好，具体如采光、通风、通水以及景色较好，有益于居住者的身心健康，则该房地产的附加值也会较高。

（5）租金。事实上，大部分房地产的价格与租金都有直接的关系。人们有时也把它作为测算房地产价格是否合理的杠杆之一。不过，要注意的是，要以动态的眼光看待租金：现在没人租，可能过一段时间人们抢着租，或者租金上涨；现在很多人租，过一段时间后，也可能没人租了，或者租金下跌。所以，动态的眼光还是很重要的。

财智闪光点聚焦

在多种多样的财富形态中，房地产作为生活资产的重要组成部分，也是社会财富的主要形态之一。有人以房地产投资赢得财富，有人以建设房地产赢得财富，还有人以制造建筑材料赢得财富……在这一财富链条中，每一个人的财智是不同的，每个人的财智是否能得以有效发挥也是不同的。在这一财富链条中，人们充分发挥自身的财智优势，展现自己独到的眼光、正确的理念、卓越的策略及有效的创新，是取得投资成功和获得财富的决定性因素。

更为重要的是，我们要能够像王老先生那样，能够从普通的石头中找到创富的道路，而且走通创富的道路。这样的思维与意识，是我们在多种多样的财富世界里找到财富的最重要的远见之一。

第 2 节　这金块还真沉

甄婷婷周六回到老家，还没进家门，就被她婶婶喊住了。婶婶快步走到婷婷跟前，笑问道："婷婷，现在很多人都在谈论买金，说便宜，你看是不是可以买啊？"婷婷说："跟前些时候的价格高峰比，是便宜了一些，但现在买可能还不是最好的时候。不过，买还是可以买的。先买一点，逐步累积，可能更好些。"婶婶兴奋地说："那我们就先买一点，明天和你一起进城去怎么样？"婷婷笑着说："好啊，明天一早我们就进城。"

第二天，婷婷带着婶婶到了百货大楼的中金黄金的柜台，向服务员询问了金条的价格，问了成色，也问了保存和回购的注意事项，最后买了一块金块。婶婶把金块放在手上掂了掂，惊奇地说："这金块还真沉！"婷婷笑着说："金的比重高，自然沉。"婶婶说："啥叫比重啊？"婷婷开玩笑说："就是比比谁重，是不是更实在？"婶婶笑着说："这金子就是实在，我看着就喜欢，心里觉得踏实，你看还金光闪闪的。我就知道，不管在啥时候，金子都是宝贝，金子都可以换成钱，都可以买任何东西，又不会坏。我把那些钱放在银行里，就担心钱越来越少。有人说，可以把钱换成外国钱赚钱，我也不敢，谁知道那钱是啥钱？也有人说，把钱买成股票赚钱，我也不敢，谁知道那股票是啥票？还有人说，把钱换成其他宝贝，我也不敢，谁知道那宝贝是啥宝贝？"婷婷笑着说："您这就对了，做自己明白的事，不明白的事，千万别做，别人说得多好，您都不要管。"婶婶说："可不是，我就信你的，所以，这方面的事，我就问你。"婷婷接着交代说："如果婶婶喜欢金条、金块，有闲钱的话，就每年买它一块。如果比现在还便宜很多，就多买一点。"婶婶说："好，明年我们再一起来。"

弦外音解析

财富有多种形式，但对中国人来说，最被人喜爱的莫过于黄金了。黄金代表了耀眼的财富、不朽的货币、稳固的信用。而这些都因为黄金具有独特的物理和化学特性。正是因为这些特性，使黄金被人们看成是金属之王。

黄金的确金光闪闪，而且更重要的是，当多少年过去、多少东西都已腐烂的时候，它依然金光闪闪。这使得黄金在人类社会关系中扮演着极其重要的角色，并因此成为天然货币，曾经是人们最可信赖的货币。

在现代社会，人们都用货币来衡量财富以及各种各样财富的价值，但用什么来衡量货币本身的价值及其变化呢？并且现在人们也越来越关注货币本身的价值和价值变化，以及货币本身的信用问题。尤其当纸币的信用弱化的时候，人们自然就十分注意黄金的货币信用价值；而当纸币信用崩溃的时候，黄金就成了人们心目中的货币之王。

在一国货币相对稳定的时候，黄金的价值与货币的对应关系是变化莫测的曲线关系。不过尽管如此，这种复杂的曲线关系还是会呈现出一种趋势，即单位货币的贬值趋势。

不过，由于储蓄货币能够生息，所以，这种生息的速率是否可以超过单位货币的贬值速率，就成为持有货币的价值变化的一个重要因素。黄金本身并不生息，所以黄金的价值或者价格的体现，都是相对于货币的价值衡量状态以及货币的生息速率而言的。而这些，又与国家的政治和经济政策的变化密切相关，尤其与整个世界的政治及济经变化息息相关。

从总的趋势上看，货币肯定越来越多，黄金虽然也会越来越多，但金矿会越挖越少。两相比较，货币越来越多的速度和数量，必定大大高过黄金的增速和增量。因此，各种各样的货币，相对于黄金的贬值趋势，是大概率事件。

只是在黄金价格的变化起伏中，有时可能被严重高估，有时可能被严重低估。在金价高低起伏下形成的价格之差，可能是相当巨大的。从数百年的历史经验来看，要平衡这种巨大的价差，回归黄金与货币（价值衡量）变化的相对合理对应关系，可能还需要相当长的时间，其周期可达二三十年之久。所以，如果我们在黄金的相对高价位时买入黄金，也可能遭受损失。黄金价格变化的宏观的、长期的观念，是非常重要的。

为了避免持有黄金的相对被动局面，可以采用费用平均法来投资黄金，也就是可以采取定期定投的方法。

黄金这一财富形态，是人们看得见、摸得着、信得过的财富形态，它受到人们的普遍欢迎是非常自然的事情。也有人反对投资黄金，那是由于财富观念的不同和审视的角度不同而得出的不同的结论。

黄金有两个方面的重要属性：一是资源属性；二是金融属性。黄金的财富形态演绎了这两个属性的财富内容：就黄金的资源属性来讲，人们既可以投资黄金，也可以投资石油，还可以投资白银、铜、铁等等各种金属；就黄金的货币属性来讲，人们既可以投资黄金，也可以投资美元，还可以投资欧元等各种货币，以及投资与货币形态类似的或衍生的各种债券、证券等。

总之，实实在在的不朽的黄金，既演绎实实在在的各种各样的财富，也演绎代表着金融的标志性财富。不管你喜欢哪一种财富，黄金总是闪耀着财富的光辉。

财智闪光点聚焦

多种多样的财富使我们的生活多姿多彩。黄金，就是我们财富中永远不朽、永远金光闪闪的财富之一。

第 3 节　签下你的名就拥有一百万

甄婷婷趁着秋高气爽，打算去草原旅游一趟。在列车上，与她相邻的是一位年轻的博士。这位博士文质彬彬，两人互相聊了一会儿便渐渐相熟。甄婷婷问博士："你做哪一行的？"博士直截了当地说："研究炸药的。"甄婷婷略微一惊，说："炸药威力不是很大吗？你居然研究炸药，太勇敢、太厉害了！只是炸药危险不？"博士笑笑说："诺贝尔就是研究炸药的，炸得自己一身伤。但现在科技先进了，很安全的。"婷婷认真地说道："诺贝尔太伟大了，你敢情是向诺贝尔学习啊！"博士一本正经地说："诺贝尔确实很伟大，但我研究炸药，与诺贝尔的研究属同一个领域纯属巧合。我很想学习诺贝尔的精神，我自然希望有成就，但我没有去想是不是会成为诺贝尔式的人物，倒是时常在无形中有诺贝尔的精神在鼓励着我。"婷婷听博士说到诺贝尔被炸得一身伤，心中总有一丝担忧，便油然生出一种关怀的情愫，于是继续问博士："研究炸药真不危险啊？我怎么心中老是有一种危险的感觉呢？"博士笑了笑说："说不危险呢，是由于我们懂得危险，更加认真小心，也注意这方面的安全。另外，现在做试验，炸药的量一般也比较小，所以在大多数情况下，危险是有限的。不过，客观地讲，危险总是存在的。"婷婷不无担心地说："既然危险是客观存在的，那你就不担心自己和家人的生活？"博士从容地说：
"我工作中的危险都在防范中，倒是生活中的风险更加难以防范。
比如生病、交通事故啊等，这些反而成为我的忧虑。"婷婷又问
道："那你忧虑什么呢？"博士说："有时候想到自己要是万一有
个什么，家人的生活究竟该如何安顿，这就是我偶尔掠过脑际
的担忧。"婷婷说："那你就没想过要消除这个后顾之忧吗？"博
士说："工作忙啊，经常把这事放在一边了，我也不知道该如何
做。"婷婷说："这事好办，我现在就可以帮你，立马就可以帮你
消除顾虑，确保你自己和家人有更安稳的生活。"博士笑道："开
玩笑啊，还立马，你怎么帮？说说看。"婷婷说："你的工作和你
的脑子太重要了，不但对国家重要，对你家人来说也一样重要。
但不管是由于你所搞的研究有危险也好，还是其他什么意外也
好，考虑到你自己的生命是最宝贵的财富，所以，在最糟糕的情
况下，设立一个最好的生活安全网，是非常重要的。在我的笔记
本电脑里，立马有帮助你解决问题的方案。"博士又笑道："你电
脑里有什么宝贝，难道还帮我上网搜索解决方案？"婷婷一边打
开电脑一边笑道："我的电脑里有我工作的软件，可以为你量身订
制保障方案。"婷婷一边说一边在电脑上设计，然后说："你的名
字和年龄告诉我吧！"一会儿，婷婷一边把方案给博士看，一边
说道："签下你的名，就拥有一百万。"婷婷顿了顿，继续说："这
样，你全家人的生活立马就有保障，你那一丝的顾虑，也可以烟
消云散。"博士看了看电脑上的内容，惊奇道："你还真行啊，不
过，我签下名，我立马就会有保障？"婷婷说："没问题，只要你

签下名，按我给你的程序走，你就可以立马拥有这一财富。"博士笑了笑，看了看婷婷说："今天不但碰到美女了，还碰到美事了。既然这样，何乐而不为呢？签字吧！"

弦外音解析

许多人并不知道，在现代社会，可以迅速地为自己建立保障方案。甄婷婷给博士的方案，就是一个通过保险工具、迅速为自己和家人确立生活保障的方案。

保险这个工具，其实早已有之。保险的最初形式，是通过互助金的方式来实现保险的简单功能的。而在现代社会，保险的功能得到了很大的发展。保险既具有保障的功能，也有储蓄的功能，甚至还有投资的功能。应当说，保险本身的保障功能也具有投资的性质。所以，深入地了解保险，能够为我们自己提供方便、获得好处、赢得财富，这是许多人没有真正认识到的地方。任何工具都有利有弊，好好了解，取利去弊，便可以为自己服务。

保险有意外保险、疾病保险、住院保险、伤残保险、储蓄保险、教育保险、养老保险、投资保险等。了解每一种类型的保险，买自己所需要的，费用在自己承受的范围内，保期也在可执行的范围内，便可以使保险为自己所用。

保险的价值与功能，大体有以下几个方面：

1. 确立生命的基本价值。如果一个人买了100万元的某种方案的人寿险，那么，他万一死亡或残废，则他的生命就起码获得100万元的保险赔偿金；而如果他一直健康地活着，那健康活着的生命是无价的。一般来说，能够买 100 万寿险的人，在他的生命期内，是有能力创造出超过 100 万的财富的。

2. 建立良好的生活保障。这个可以依每个人具体的经济状况采取相应的保险方案。若经济状况不是很好，可以通过较低廉的保险费为自己或家庭的生活确立基本的保障；如果经济条件较好，则可以通过较高的保费为自己和家人建立足够好的生活保障。

3. 确立存钱习惯。如果是储蓄保险计划，由于一般都是长期的，这就逼着我们遵照自己原定的计划进行。积土成山，养成好的存钱习惯，加上复利，会累积不少财富。

4. 可以保护所积累的财富和正在积累的财富。可以利用保险工具来分摊我们自身财富积累的风险，并降低财富流失的风险。

5. 投资功能。保险除了有保险功能的投资价值外，还带有投资功能，这种投资功能也随社会的发展而多样化。要是我们能够正确选择、安排得当，是可以获益良多的。

保险还有许多附加值，比如说，有了保障，就会减少人们的焦虑，有助于健康，还有节税功能，等等。

一般来说，保险有国家提供的社会保障保险与市场商业保险两大类。社会保障保险，由于参加的人数多，保险成本低，加上国家的补贴，所以，这类保险通常保险成本低，而保险价值高，保障功能更佳，保障的持续性更好。

商业保险也有一个特别的好处，即它能迅速、容易、可靠并足额地建立起我们所需要的保障。

财智闪光点聚焦

现代社会创新了许多种类的金融财富形式，保险就是其中比较普及的一种，它能迅速、有效、便捷地为大众建立起财富保障和生活保障。

第 4 节　股市里闪烁的阿拉伯数字

唐小妍听说很多人都投资股票，就想去证券公司开个户。她一出门，正好撞见甄婷婷，于是就拉婷婷一起去证券公司。办完手续后，两个人就在大厅里看屏幕上闪烁的股票价格的变化。小妍问婷婷："这个股票价格跳跳跳，一会儿上，一会儿下，有什么道理？"婷婷说："这个道理啊，跟大海一样深，世上多少聪明绝顶的人都想搞懂它，但真正能明白的，却不多。"小妍问："既然如此，为什么那么多人喜欢买股票呢？"婷婷笑着说："你不是还不懂股票就来开户了么？"小妍听了就笑说："大家都想找机会。"婷婷说："是啊，大家都想在这上蹿下跳的阿拉伯数字中得到财富，可这财富究竟是怎么来的呢？"小妍稍思片刻，就说："这股市里闪烁的阿拉伯数字，究竟意味着什么，我还真如坠入云里雾里的。"婷婷说："在这闪烁的阿拉伯数字背后，闪烁着的是国家政策的变化、经济发展的现状和趋势、资本市场的活力和效率、科学技术的创新迭代等"小妍听到这，颇为吃惊地说："这么复杂，那要把握它谈何容易？"婷婷笑着说："当然不容易，多少人都希望能够轻而易举地在股市中实现自己的财富梦想，可是能做到的毕竟是凤毛麟角。如果容易，你就不用天天上班了。"小妍笑了笑说："是啊，如果大家都能在股市里轻易发财，工作谁来做？"婷婷一本正经地对小妍说："所以，我给你的第一个忠告，也是最重要的忠告，就是不能借钱投资股票，除非你对股市的掌握已经出神入化了。"小妍真诚地说："谢谢婷婷姐给我的忠告，我会记住的，我是不会这样做的。不过，这有什么道理呢？"婷婷说："道理很微妙。第一，就是股市的总体年平均收益率并不比银行的贷款利率高多少，更不要说高利贷了。而且，以我们国家二十多年的股市历史来看，其总体平均回报率并不理想，未来的情况也未必能改善多少。第二，股市的波动非常大，如果你借钱炒股，就会被这巨大的波动翻滚得颠三倒四。第三，就是人性的贪欲，这有如赌博，不少人受这巨大波动的吸引而沉湎其中不能自拔，结果在不知不觉中滑向了债务的深渊，许多人因此而悔恨终生。简单说来，就是负债会更容易使你丧失投资的理性和耐心。"小妍说："今天和婷婷姐一道来，真是让我受益匪浅。"

弦外音解析

股市，是现代社会的多棱镜，折射着社会的方方面面。但它又是现代社会最具活力的一个经济舞台，是财富增长最活跃的一个分支。不过，也有许多人咒骂股市，说它是"抽血机"，说它是赌博，甚至以前某些文艺作品说它是剥削的温床、邪恶的根源、黑暗的象征。即使这样，还是有许多人钟情于股市如海市蜃楼般的虚拟的财富。因为在那闪烁的阿拉伯数字中，还是有人能够获取不少财富，从股市中提走的也是真金白银。

究竟股市能不能创造财富呢？不少人会认为这是一个白痴的问题，但实际上，许多人并不十分清楚。可以说，从总体上看，股市的经济功能是积极的，但其中也包含着消极的一面。那么，我们究竟该如何去认识股市创造财富的机制呢？

　　首先，股市使资本在竞争中高速运行。资本竞争的总趋势是强胜弱败。在这一过程中，经济总体是朝着健康的方向发展的，从而能够激励人们的积极性、创造性。股市的资本运行在类似"物竞天择，适者生存"的经济进化论的逻辑下，促进经济的发展和新经济的诞生，使国家的经济在总体上更有效地走向良性运行。

　　资本的高速运行也可使一些有发展前景的股份公司迅速成长，并为市场和股民创造效益，从而实现财富的共享。这是人们投资股市的根基所在。

　　其次，股市除了筹集资金和分享财富利益外，还可以分摊财富经营、管理和创新的风险。人们并不可能个个都搞实业投资，但有了股票市场，就可以以某一种方式参与。有的投资领域，原来很多小投资者都是难以实际介入的，比如说国家控制较严的金融领域、资源领域、军工领域等，且一般的小投资者也较难实现多领域的实业投资分布，但有了股市，各类投资者就可以实现广泛的投资，并介入普通投资者比较难进入的投资领域。特别是能够让智慧的普通投资者，把他的资金投给前途光明的股份公司，并从中获得不菲的回报。

　　投资股市必须认知股票投资的真正内涵。虽说要是能够在股市里实现低吸高抛就可以赢利，但对股票投资有经验的人都知道，股票投资远远没有那么简单，它其实是形简实深。

对一般人而言，对自己要投资的股票，一定要全力掌握两个"可靠"：一是一定要掌握该股票发行公司的可靠的、真实的财务数据；二是一定要可靠地预测该股票发行公司的中长期盈利情况以及其他变动的趋势。在这两个"可靠"的基础上，对股票公司发行的股票的价格和走向能有正确的评估，若其中有任何一个不可靠，都有极大的可能使你的投资不成功。

股票技术分析也许对你的股票投资有帮助。尽管技术分析指标很多，也千变万化，而且见仁见智，但要是能够对股票技术分析掌握得很好，那么对股票投资还是有不同程度的帮助的。因为在股票技术分析中，有可能揭示出市场力量的演变趋势以及未被公开的市场因素。不过，如果是做长期的投资，也可以忽略技术分析这个工具。

财智闪光点聚焦

股市是现代社会经济发展的晴雨表。但我们千万不要误以为可以把股市上的财富轻而易举地拿到手。认知现代经济的运行特征，了解现代社会的新财富组成形式，是现代人必须要做的一门功课。当然，要分享新经济社会的财富，并不意味着你就必须炒股，你完全可以通过其他许多不同的方式参与分享新经济社会所带来的财富，比如可以通过买基金的方式投资股票等。

但股市提供了极富戏剧性的投资演绎路径，要是你能够深刻地理解并且有能力进行正确的投资，那么股市将为你带来高回报的机会。

试一试，你能找到几匹马？

在股市投资中，无数的人都想找到股市中的黑马股票。让我们来欣赏一下本书中的图九，希望你能够从中找到尽可能多的"神"马并对你投资股市有帮助。千万不要忘记了画面背景给你的提示，那很可能就是你要发现的线索。

你找到了几匹马？

（《七匹马》参考答案见本书第 188 页）

图九 《七匹马》

第5节 拾贝壳的人

周末阳光和煦，甄婷婷到海边散步，海滩洁净，海浪壮美，婷婷时常会来这里走走，觉得来这里可以放松一下心情，看看美景，换换脑筋。看着这无边无际的大海，心境也开阔多了。在沙滩上漫步的男男女女，悠闲怡然；嬉戏的孩童，欢声笑语，仿佛这大海也净化了人们的心灵。甄婷婷放眼望去，最使她感到童话般美妙的，是不远处的一位老者，他时不时地弯腰拾捡贝壳。而在她的眼前，一个男孩也正在找寻贝壳。这仿佛让她看到了历史上那位最伟大的拾贝壳的人，她由衷地赞叹，那么伟大的人，竟那么平凡、那么谦虚。这人，就是连爱因斯坦都赞叹的伊萨克·牛顿。

牛顿，为人类做出了巨大的贡献，但却把自己仅看做是一个在海边玩耍的男孩，为不时发现比寻常石头更为光滑的一块卵石或比寻常贝壳更为美丽的一个贝壳而欢欣。每当想到此，婷婷的心里总是涌动着一种纯洁的美。这两三百年来，科学技术突飞猛进，人类的飞行器飞向了太空，电灯使千家万户夜如白昼，互联网使亿万人联络无障碍，飞机和高铁改变了人们的出行方式，等等。但凡黑暗时代，无不是思想牢笼和专制的黑幕裹住思想的光辉，扼杀思维的创造力，所谓的铁腕人物或者暴君，总是为了权力和一己之私，制造文字狱和扼杀新思维，愚民政策也屡屡发生。而那些真正永驻人类心中的光芒四射的伟人，是那些为人类创造了光辉思想的人，是那些发现真理的人，是那些真正为人类带来无穷无尽幸福的人。没有思想的光辉，我们就不能够智慧而又高效地创造出财富。

弦外音解析

甄婷婷去海滨散步，看到大海，看到海边拾捡贝壳的老人和小孩，便情不自禁地想到了思想的光辉与财富创造的密不可分的关系。这个问题，似乎人人皆知，但很多人并不以为然。而只有深刻地认识到这一点，人们才能竭尽全力地开动创造性的思维。只有这样，不管是个人的财富还是社会的财富，才会有效地增加。

财智闪光点聚焦

财富可以有许多形态，各种形态之间有着相互依存和相互转化的关系。在所有的财富形态中，思想创造性的财富是最重要的财富。人类所独有的高级思维，是人类创造新财富的最重要的源泉。但思想创造力的培育、发展与迸发，却是人人均有责任的社会性系统工程。只有我们深刻地认识到这一点，个人财富和社会财富才能够不断增加，财富的增长也才有巨大的推动力。

让我们欢欣于拾捡贝壳与鹅卵石

图十是英国画家弗雷德里克·莱顿展示给我们的一幅希腊女孩们在海边捡鹅卵石的美丽的画面。她们婀娜的身姿、恬静怡然的神态、飞扬灵动的裙衣，还有洁净迷人的沙滩、波光粼粼的大海、亮丽华彩的天空，都让我们自然想到，在这幅美丽的画的外面，还有一群男孩在着迷并欢欣于捡贝壳和鹅卵石，这些男孩的思想之美和精神之美历代传承，他们有牛顿、莱布尼茨、麦克斯韦、笛卡尔、欧几里得、爱迪生、爱因斯坦⋯⋯

让我们再读一遍牛顿的名言吧：

> 我不知道在世人的眼里我是一个什么样的人，但在我自己看来，我仅似一个在海边玩耍的男孩，为不时发现比寻常更为光滑的一块卵石或比寻常更为美丽的一个贝壳而着迷欢欣，而展现在我面前的，却是全然未被发现的浩瀚的真理海洋。

图十 《海边捡鹅卵石的希腊女孩》

附　录  深度争鸣与理财指引

第 1 节　究竟现在能不能买股票?

说到买卖股票,似乎很简单;而投资股票,又似乎并不简单。究竟现在投资者能不能买股票? 若用一句话立马回答,你肯定心里没底。但如果能够做一个较深入的分析,你可能就比较清楚该怎么做才好。

在这里,我们仅针对中国股市做的参考性分析。首先,我们来看一看对投资中国股市的不同观点。

对中国股市的负面观点

观点一:经济学家许小年表示:"中国股市的问题不是一两项政策就能解决的,也不是一个新领导的新思维就能解决的。中国的股市和中国的经济一样,它的整个系统都出了问题,所以我已经放弃对股市的研究。"(《现代快报》,2012 年 3 月 23 日)

观点二:颐何投资首席经济师张卫星表示:"为什么我不看好中国的股市? 一个核心的问题,记住一点,股市来源于什么制度? 来源于民主制度,它必须在民主的制度下才能健康成长,这是核心。"(新浪财经,2013 年 1 月 19 日)

对中国股市的正面观点

观点一:中国证券金融股份有限责任公司总经理聂庆平表示:

"我对中国的经济是一个看多派，我写了一本书叫《看多中国》。我第一个看法是中国当前的股市处在最好的估值期，A 股市场处在历史的低位。"（金融界网站，2012 年 8 月 6 日）

观点二：被巴菲特称为"对大势的把握无人能及"的罗杰斯表示："这个世界就是这样的，无论是个人、公司、家庭或者是国家，每个人在崛起的时候或者成长的时候，都会有挫折，美国 19 世纪发展的过程中，就有 15 次经济的萧条，还有一次大规模的内战，人权非常不好，街头有暴乱和屠杀，可以说 19 世纪的美国是非常不好的。不过虽然有这么多的挫折，但美国还是在 20 世纪成为最强大的国家。中国有自己的问题，我也不知道这些问题是怎样的、在什么时候会爆发。对西方的批评者，我跟他们说，不用担心，事物的发展就是这样的。"（gz.house.sina.com.cn）他说："我买的所有中国股票都没有卖，这都是给我的下一代留着的。我希望 60 年之后，我的女儿回顾爸爸买股票的经历后会说，我爸爸真是聪明绝顶，买了那么多中国股票，看我们现在多么富裕啊！"（《东方早报》，2013 年 6 月 05 日）

观点综述

许小年认为中国股市问题很多、很严重，他很失望。他认为中国股市与经济在系统上都出了问题。应当说，他的观点有他自己的视点和根据，他指出了中国股市目前存在的诸多不足和深层次的问题，也暗示了中国股市存在特别的风险，并有恨铁不成钢的感觉。不过，从历史的发展角度看，许小年的观点略微消极一点。

张卫星的观点也很透彻地指出了中国股市存在的问题。依他的说法，好像中国的股市有点东施效颦，让中国股民怎么看都看不懂，让中国股民颇为难受。中国股市的现实演绎也确实证实了有这方面的表现，但我们必须认识到，我们不可能样样都是世界领先，现实也确实是我国在许多方面和领域比较落后，我们必须学习其他国家先进的东西，在学习的过程中，还难免会有学得不够好和消化得不够好的时候，这需要一个过程。股市的引入和发展也是同样的道理。

聂庆平的观点犹如是站在股市的河流里感受大河的深浅，因为他本身就是做这一行的，他是亲身实践蹚水过河的人。他的说法也显示了其在股海惊涛骇浪中经受过锤炼，因此他要乐观得多。不过他也没有指出在这个时候股市是可以任意投资的，他只是提醒了股市风险还需要时时注意。

罗杰斯的观点应当引起我们的足够注意，因为他是站在一个中国特色社会主义系统之外的角度来观察中国和中国股市的，尤其以他几十年卓越的投资阅历、经验和洞察力，对中国的社会、历史和股市有其"冷眼"相看的特殊观察。我们从他的观点中，可以感受到他那历经沧桑的观察事物的辩证眼光。其中的一个关键点是，美国历经内战的重创也没有使美国的社会、经济和股市崩溃，而是走向进步和繁荣。而我们还从中看到，罗杰斯持股的投资期是六十年，这对于我们目前普遍躁动着的迅速致富的投资心态，应该有一番启发。另外，即使人们不一定认同他的观点，但总可以借鉴。

对股市发展的几点分析

1. 对股市走向的简略回顾和历史分析。

中国股市自诞生起到今天，走过了从 1500 多点急剧下跌到 300 多点的跌宕起伏得让人找不着北的初期阶段，然后走过了从 2200 多点跌到 1000 点之下的全流通改革阵痛期，再然后走到今天股市规模跃进到世界第二而又演绎着罕见的与国家经济迅速发展相悖的长期大熊市的阶段，让中国股民从热诚拥护和支持改革，到承担沉重的中国特色的股权改革成本，这也难怪中国股民不禁大骂"猪市"，大骂股市犹如毒品市场。但如果从整个股市的走向来看，我们仍然可以看到，中国多年来的股市还是一直走在长期牛市的形态上，年线的长期均线是向上的，年 K 线也在长期支撑线的上方。

中国股市上证指数年线图

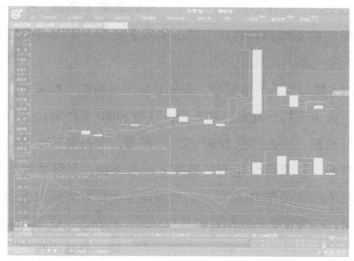

只是，我们也从中看到了中国巨人的沉重的脚步。从第一次的持续下跌两三年，到第二次的持续下跌五年，再到第三次的至2014上半年的长达六年多的总体下跌走势，这似乎让我们悟到了什么。不过，中国的股市势必继续前行。

2. 对中国股市的展望。

（1）政经展望。政治和经济的发展趋势，是影响股市的最重要因素。在我国当前和相当长远的未来，国家安定与发展，是13亿人民的最强烈的愿望和决定性的力量，国家倡导的"聚精会神搞经济，一心一意谋发展"也必将是主旋律。这两个一致的意愿，是国家稳定与发展的定海神针。这对股市的发展具有决定性的影响。而我国还会有巨大的发展空间，这来源于我国的各方面与世界领先国家比较还有不小的距离，比如我国的人均GDP贡献值、人均收入水平、顶尖科技的总体水平等方面，我们还需要奋力追赶。而在追赶的过程中，也会有更多的新发明、新创造、经济的新辉煌，这对于股市的发展来说，无疑将会给它带来巨大的生命力和机会。

（2）股市投资价值展望。伴随着中国经济的不断发展，毫无疑问，股市将持续发展。如果说在股市6000多点时，还有人认为可以投资，那么，在2000多点的股市，应当说风险得到了很好的释放，投资价值也相对提高。一般来说，当股票的长期动态市盈率能保持在10倍以下，应当还是比较好的投资机会。而在目前，这种股票还是相对容易找到的，有许多5倍市盈率的股票，如果这些股票没有明显的经营变局风险，总体上来说，还是属于可投资的较好的品种。当然，我们也一定要知道，评估股票的价值有许多方面，做好评估工作也不是简单事情，对此我们要有清醒的认识。即使在2000多点的股市，也并不意味着所有的股票就没有风险，同时也并不意味着所有的股票都值得投资。

综上所述，我们得出的结论是：现在投资股票是比较好的时机，但选择股票还需要发挥你的智慧，并同样要注意股市的投资风险。

从以指数为表征的投资机会来说，2000至2300点还是较好的现实底部区域；1800至2000点是相当安全的，它有相当好的底部区域，但这个底部区域的存在时间未必很长久；如果股市的点跌到1500至1800点的区域，那是极度下跌的底部区域。从长远的角度看，2000至2500点都可视为现实可操作的良好的底部区域。

案例分析

张先生，30岁，大学毕业，事业单位工作，月收入5 000元，家庭月总收入9 000元，每月可节余3 000元至5 000元。现有积蓄10万元可用于股票投资，对股票投资有一定的知识，但熟悉程度不够。他希望能通过投资股票获得更好的资本金增长。请问，该如何投资股票较好？

分析：张先生现在还年轻，他有足够的投资时间以获取股票的增长收益。同时，张先生有较好的文化基础，可以对股票投资的风险和收益做大体上的评估和判断。虽然他对股票投资还不是很熟悉，但已有一定的基础，所以进一步花一些时间学习和研究，应当可以对股票有一个大体的把握。另外，张先生的经济收入有从容的空间，对经受股票投资的波动风险有足够的应对能力。综上，方案建议如下：

鉴于股市目前（2014年上半年）基本上处于尚佳的现实底部区域（上证指数2000—2300点），根据张先生投资风险分散和获得中上的投资收益的要求，建议他将10万元投资于股票的一篮子方案的一个代表——中小盘的ETF（目前价位多在较佳的现实底部区域），然后每月以2 000元或者3 000元的固定资金额度在每月固定时间投资，直至上证指数上升超越6000点之上，再选择合适的时机考虑部分退出或全部退出，过后再等待合适的时机继续进行投资。当然，他也可以选择不退出而作为长期的投资。

以上的投资方案设计也可用只若干只银行股或资源股来代替中小盘的ETF。具体方案，可视投资者对股票知识的掌握情况而定。

第 2 节　究竟现在能不能买基金？

虽然这个问题提得很简单，但回答这个问题却没那么简单。首先，"基金"虽是一个词，似乎是单一的投资内涵，而实际上基金有许多种类，如股票型基金、债券型基金、货币型基金、混合型基金、对冲型基金等。因而"基金"一词有多重内涵，其投资方向也有很大的区别，从而有很大不同的投资属性和投资理念，甚至在选用的投资方法上也都会有很大的差异。但不同种类的基金都有一个共同的特点，那就是由基金管理公司进行管理和由基金经理策划投资。其次，对不同种类的基金究竟能不能投资，需要针对性的专门回答。

在这里，我们先回答债券型基金和货币型基金现在究竟能不能投资的问题。这个问题很简单，只要你明白债券型基金和货币型基金与投资的时机关系不太大（在时机上，虽也有一点点差别，但几乎可以忽略不计）即可。其重点是通过时间的价值获取稳定的收益。所以，债券型基金和货币型基金，从时间上考虑，现在完全可以投资，但要注意非时间性的其他有关的风险因素。

接下来，我们再来看看对投资基金的不同看法（在这里，我们所提及的基金主要是股票型基金）。

对投资基金的反面观点

观点一：经济学家周本泉认为，千万不要买基金。他的理由如下：

（1）订立合约的三个条件。对于普通投资者而言，购买一份基金就是在做一份合约的订立。而基金这份合约在订立之后，就等于把你的资金交给了基金经理去经营。投资者买了基金之后也就成了"基民"，那么，"基民"最希望的是"基金"获得超额收益。这起码需要三个前提：**基金经理的专业性、责任感和诚信度**。

（2）基金经理全是"瘸腿户"。用以上的三个条件来衡量基金经理，周本泉认为，他们都不合格，他们都是"瘸腿户"。

观点二：有理财人士认为，"我不愿买基金。所谓专家理财，全是拿'基民'的钱开玩笑，基金亏了钱，全是'基民'亏，专家年薪好几百万照拿，还用不着负责任。他们根本不负责任，他们的水平就是 6000 点看多、2000 点砸盘。"

对投资基金的正面观点

观点一：汇添富首席投资理财师刘建位说："举一个例子，世界上什么最宝贵？自己的孩子最宝贵，你的家产都要传给你的孩子。中国人辛辛苦苦为了啥？都是为了孩子。我看在座的各位都已经当了父母，甚至你们的孩子或许都已经有孩子了。你们想一下，你们的孩子对你来说那么宝贵，为什么你们不把孩子留在家里自己来教育，而是把他们给送到学校呢？

"第一，你们得上班，你们没时间。第二，你们很忙，没精力。第三，关键是你们没能力。你们会教数学，但不一定会教英语；你们会代数，但不会高等数学。很多事你们教不了，没办法，送到学校，人家有专业的，人家比咱强。那么，假如你们又想让你们的财富升值，自己又做不到，那怎么办呢？找别人，委托别人来做。自己不会修水管，那就找水管工；自己不会修车，就得花钱。"（99fund.com）

观点二：世界最成功的（麦哲伦）基金经理彼得·林奇说："大家一定要买基金。你不买基金就是对自己财产的犯罪。买基金就是买了一篮子股票，不买基金就意味着没有买股票，没有买股票你就错失了让你财富获得巨大升值的机会。"彼得·林奇算了一下账，他说从 1927 年到 1987 年，美国的国库券六十年才涨了 7 倍多，1 万美金变成了 7.4 万美金。但你要是买公司债券，就是 1 万美金变成 18 万美金。假如你买了基金，投资股市的平均涨幅是多少呢？1 万美金便成了 272 万美金，就是说，股市的平均收益是公司债券的 15 倍，是国债的 30 倍。如果扣除通货膨胀因素的话，你买国债等于是不赚不亏，收益相当于零，也就是勉强抵抗通货膨胀。如果你投资股票，不但能弥补损失，而且还有 200 倍的盈利（99fund.com）。

观点综述

周本泉博士说的"千万不要买基金"的理由确实很重要，至少有三个方面的价值：一是让中国民众对股票型基金的中国特色的风险多一个心眼；二是提醒我国对基金管理需要加强法治建设和法律执行效果，以使得基金公司和基金经理更有责任心、更有诚信、更为专业；三是这种强烈的呼吁，是对现实基金运行状况的严厉批判，有其积极的意义。但是，如果单纯作为呼吁广大民众不要买基金的口号，这就因噎废食了，是有失偏颇的，也是消极的。对于没有专业投资知识和没有时间理财的大众，以及对于心态、性格不适合投身股市的大众，选择投资基金还是有其可取之处的。

至于一部分人不愿意投资基金，这也说明了我国目前基金的管理还有许多让人焦虑的负面因素。这既不利于大众的利益，也不利于基金业本身的发展。所以，一方面，基金行业本身既需要国家法律的强有力的信用保证，又需要基金经理加强自身的道德修养和道德约束，以使得基金公司和基金经理的责任心、诚信度和专业能力得到大众的进一步认可。另一方面，大家也无须因基金业的一些不足和问题而全盘否定。应当说，大部分基金公司和基金经理还是有责任心的，专业上也会比一般民众强。目前的法律对基金公司和基金经理还是有其基本的约束力的，诚信上也不是毫无保证。只是存在的问题，还是需要正视。

刘建位的比喻相当形象，这对于广大民众理解投资基金的价值有很大的帮助。当然，也不能说任何时候任何基金都可以任意投资，投资基金也需要注意风险，这是必须强调的，也是基本的投资常识。在这点上，刘建位的说法对此不够明确。

彼得·林奇的说法有很大的参考价值。但我们必须注意到：一他是以美国的情形得出的结论，与我国的情形可能会有一些差异；二这是以彼得·林奇为代表的成功投资家的投资观点，我们还要看到那些不怎么成功或者失败的基金，否则怎么叫投资有风险呢？长期持有基金就完全消除风险了吗？显然不是这么简单。我们可以看到美国最悠久的货币市场基金 Reserve Primary Fund 于 2008 年经济危机后被清盘；著名的美盛投资公司的经理人米勒，曾被美国《福布斯》评为时代最伟大的基金经理人，但在 2008 年，他所管理的基金重挫 58%，远远超过了标准普尔的指数下跌，一世英名也因此被毁。

对基金的进一步分析

1. 对基金运行的历史分析。在有较长基金管理历史的美国，出现过很多杰出的基金经理和著名的基金公司，最有名的可算是巴菲特和他的伯克希尔·哈撒韦公司。巴菲特在长达四十多年的时间里，有能力获得年平均 20% 多的收益率，这是全世界的基金经理不得不佩服的骄人业绩。尽管有人认为巴菲特是在美国的国情下，运用了一些特殊的方法才取得如此好的成绩，但无论如何，这是他的过人之处。要知道，年平均复利增长超过 20%，给基民带来的收益是惊人的。换句话说，其四十年的投资总回报以数千倍计，即四十年前投资 1 万美金，四十年后就是千万富翁了。

从美国的成熟市场来看，以 1984—1994 年的基金表现来说，积极的股票基金尽管获得了 12.15% 的平均年回报率，但仍然低于 SP 500 指数年均 14.33% 的回报率。这说明大多数基金经理追不了股票指数的成长幅度。

在我国，早期的几只基金还是相当不错的。比如基金裕隆，其成立时间是 1999 年 6 月 15 日，当时的上证指数收盘是 1387.59 点，到 2013 年 8 月 26 日，上证指数收盘是 2096.47 点，而其基金的复权净值超过 4.1 元，即其在近十五年的时间里总回报率上升了 4 倍多，其复合年平均收益率达到了 10% 略强，大大超过了大盘的总共约 50% 的上升幅度（其复合增长率年平均大约是 3% 的水平）。从中，我们也应当可以看到在中国投资基金的价值。下图为基金裕隆的走势图（此封闭基金的封闭期是 1999 年 6 月 15 日到 2014 年 6 月 15 日）。

基金裕隆的走势图（复权）

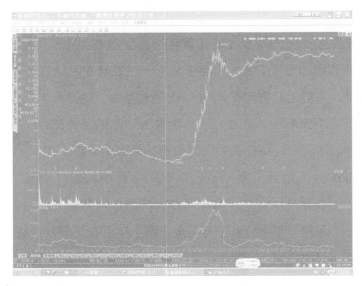

从大多数的基金成长来看，我国的股票型基金总体上还是可以给基民带来良好的投资收益的。但如果你是在高位买的基金，随后基金却跟着股市下跌，那这就不能全怪基金公司和基金经理了。这时，要是基金的跌幅明显小于股市指数的跌幅，那说明他们还是管理得不错的。

但必须说明一点，有些基金公司热衷于在股市狂热的时候发行和推荐新基金，因为这时推销基金既容易，对完成基金募集额和降低基金销售成本又有利，但这对于民众却是不利的。因此，从这个角度来说，基金公司就有一定的责任，最起码在道德上有瑕疵。

2. 对 2014 年上半年基金运行的状况分析。这一时期的股票基金（或偏股型基金）的价格，大多数都在 1 元左右（有些是在已多次分拆或送红利后为此价格），这 1 元的价格虽然不能用来说明是贵还是便宜，但从整个股市的运行来看，大多数的基金价格大体上还是在底部运行。

3. 基金投资的有关因素展望。股票型基金的投资效果与国家的经济发展趋势有关（若是国际性的股票投资基金，则还与国际性的经济发展趋势有关），与整个股市的运行趋势有关；与基金管理公司的管理水平有关，与基金经理的投资水平有关。在这些因素中，具体的基金管理公司和基金经理投资水平的分析与展望，要根据具体情形进行具体分析。其共同的核心点是：国家经济未来的发展有益于基金的成长吗？股市能够进一步上升吗？这些是决定绝大多数基金业绩表现的根本性方向。其实这个问题与股票是否可以投资的问题是非常接近的。在此，只能简单一点重述，就是国家的经济一定会发展，股市也将进一步发展和上升，但未必一定就在明天或者下个星期。具体这方面的详细分析，请参看"究竟现在能不能买股票？"一节。

为此，在股市上证指数在 2000—2300 点区间，投资股票型基金是相当有利的。

从长远来看，一般上证指数在 2000—3000 点区间内，投资股票型基金是相对安全的，这是上好的投资机会；如果股市上证指数跌到 2000 点以下，则投资股票型基金是极好的机会。

案例分析

余先生，30 岁，月收入 5 000 元，每月可节余 2 000 元，现有积蓄 6 万元，但工作很忙，也没有很好的股票投资知识。不过，他了解股票资本市场的波动风险，并有能力承担相应的风险。他希望通过资本市场得到良好的回报，回报率的期望值是能超越银行的定期存款利率。他很愿意选择基金进行投资。请问，他该如何投资？

分析：鉴于余先生还年轻，他本人也了解股票市场的波动风险，并有能力承担股票市场的风险，但因自己要将精力放在事业上而没时间且不愿亲自投资股票，在此情形下，余先生可以花一点时间寻找好的基金公司，选择股票投资范围较广的基金，以便于基金经理有更多的股票甄选余地，发挥其专业特长。又鉴于 2014 年上半年的股市上证指数在 2100 到 2300 点之间，投资价值较高，所以，建议方案如下：

在现有积蓄的 6 万元中扣除生活应急资金，比如说 1 万元，把余下的作为长期投资，一次性购买所选的基金，然后将每月节余的 2 000 元中的 1 000 元（具体金额可由自身的资金宽松情况而定）做定投，也就是定期定额投资。

一般来说，当投资期超过 10 年以上，应当可以在资本市场上得到超过 5% 的复利回报率，一般会在 8%—12% 之间。通常情形下，投资期越长，这种平均回报率就会越稳定。

如果余先生不能找到满意的基金，那么，可以选择 ETF 基金作为替代，ETF 基金通常能超越 70% 的基金公司所管理的基金。

第 3 节　究竟现在能不能买黄金？

如果是用一句话来回答这个问题，你肯定不知道要不要相信这句话。但如果是通过深入的分析而得出一个简明的结论，那你就可以知道这个结论究竟有多大的价值，由此，你也可以明白究竟该怎么做会更好一些。

我们来看看如下正反面的观点。

不赞同投资黄金的观点

观点一：巴菲特说："瞧，你可以把世界上所有开采出来的黄金熔化在一起，它也就是一个长、宽、高接近 21 米的黄金立方体。对此，你有两个选择：一是拥有这个黄金立方体；二是按照目前的金价，卖掉这个黄金立方体换成钱，它可以让你买下所有（不是一部分）美国的耕地，再加上 10 个埃克森美孚公司的股权，另外还能剩下 10 000 亿美元的流动资金。你愿意选择哪一个？哪一个将来能产生更多的价值？"（《本·斯蒂芬专访巴菲特》，载《财富》杂志，2010 年 10 月 19 日）

观点二：学者郎咸平说："举个例子就可以说明，在民国初年，1 两黄金可以买 2 亩良田，5 两黄金可以买当时的一座北京四合院。一百年后的今天，这 5 两黄金加上利息的钱大概可以买到 1 公斤的黄金，以目前的市场价格来看，差不多等于 36 万人民币，它大概可以买到今天北京四合院里的半间厕所，另外半间厕所就由另外一个买黄金的人去买。所以，长期持有黄金是不赚钱的，这一点老百姓一定要注意（stock.sohu.com）。

赞同投资黄金的观点

观点一：黄金投资家保尔森说："随着时间的推移，各国央行滥发货币的后果将导致通货膨胀，只是很难预测通胀何时会加剧。"保尔森还表示："如果你在寻找防止未来潜在通胀风险的一种对冲工具，而且抱着一种长线投资心态的话，那么，黄金依然是任何人的投资组合中的一个重要组成部分。"（www.forbeschina.com）

观点二：研究黄金的学者张庭宾 2009 年 11 月 9 日发表了题为《五年内 2 公斤黄金可以买上海一套房》的文章，文章抛出惊人的观点："未来五年内，2 公斤黄金可买上海内环线附近约 100 平方米的房子。"（house.people.com.cn）

观点综述

按照巴菲特的表述，表面上看，似乎黄金的价格高得离谱，实在没有什么投资价值，不生息的黄金没什么意思。但巴菲特真正要表达的意思是，投资黄金远不如他所认可的其他会生息的投资产品的选择。所以，巴菲特从来不喜欢黄金，从来不投资黄金，这是基于巴菲特自身的投资逻辑，基于他有能力投资其他领域获得更理想收益的情形。而事实是，如果巴菲特确实认为黄金没什么投资价值，那他可以去说服美国政府，让美国政府把国家储备的黄金按市场价格卖给中国政府，而不是让中国政府持有美国政府一直在印的钞票。对此，美国政府是什么意见？结果是不言自明的。因为美国政府自布雷顿森林体系崩溃后的几十年来，不管黄金市场价格如何，几乎再也不卖黄金了（美国从 1971 年到 2011 年间，黄金储备量几乎都保持在 8 000 吨左右的水平）。人们不能不注意的是，布雷顿森林体系之所以崩溃，原因之一就是因为法国总统戴高乐在 1966 年悄悄地把美元换成黄金运回法国，而美国再也不能容忍其黄金储备的不断流失。原因之二是，那排在世界第一的现有 8 000 多吨的黄金储备，是美国的镇国之宝，至少那是美国财富信用的镇国之宝，其所衍生的价值非一般市场价值所能体现。

我们再来看看郎教授的说法。1912 年的 5 两黄金可以买北京的一座四合院，今天只能买到北京四合院中的半间厕所。在这个逻辑中，要注意这么一个问题：这个案例选择的地点是北京。一百多年来，北京从一个半殖民地、半封建的贫穷落后的中国没落皇权的中心城市，到国家战乱、危机中的一个北方都市，再到今天主权独立、国家繁荣昌盛、集政治和经济及文化为中心的十几亿人口的国家的现代化首都，其级差地租的巨大上升，虽说不是唯一的案例（应当说，在目前中国还是较普遍的情形，也具有例证的力量），但却是比较独特的案例，在世界其他地区以及在更长的历史视野来看，这种案例并不具有永恒的放之四海皆准的必然逻辑。首先，比如说，当年的 5 两黄金若是投资在美国底特律的房地产，今天又如何呢？其次，这一百年来，在 1971 年布雷顿森林体系崩溃之前，黄金的价格在世界大范围内都受到政府的严格管制，它几乎并不具有自由的市场价格，由此而说百年以来黄金价格只有两次上升期，赚钱的概率只有 20%，从而不具有投资价值，显然在逻辑上不够严谨。再次，观察者看问题的角度只是从房地产与黄金的对比而言的，而如果将之与钱存在银行相比又如何呢？难道钱就不能放在银行了？而在现实的多元投资中，比较的效果是相对的。其实，在郎教授的逻辑中，准确的应是：当年的 5 两黄金只能买下现在北京四合院的八分之一间厕所。因为一直持有 5 两黄金的投资，不能变成 1 公斤的黄金，黄金并不生息，黄金也不会生黄金。按照生息的投资路线，不是长期持有黄金的投资路线。由此可见，郎教授的这个观点在逻辑上是欠缺的。

我们再来看看主张投资黄金的观点。保尔森的分析是基于货币量与黄金价格的一种对应关系的基本面分析，是从长线投资的角度考虑的。其基本观点应当说是正确的，只是他也未必在某个时间段就一定能够准确地投资运作。保尔森是黄金投资家，他之所以这样投资，自然有他的分析。一般地说，实践者比不实践者会对问题有更好的认识。只是，保尔森可能偏乐观了一些，中短期（3 ~ 5 年内）的黄金价格走势可能不如他所预期的那样乐观。

至于黄金学者张庭宾的观点，应是从他自身对黄金的内在价值的认知与目前房价的状态分析得出的。他既然是研究黄金的，自然对黄金有他特别的见解和偏好。只是整个市场对黄金和房地产的认知，未必与他相同，其价格走势也许并不与他的预见相符。

黄金价格史分析

分析黄金价格的历史，可以让我们从历史的角度考察黄金价格的演变趋势。在 19 世纪之前，黄金基本上是被皇权垄断的，极少有老百姓能够拥有黄金。从 19 世纪初开始，人类进入了黄金就是货币的历史时期。1816 年，英国颁布了《金本位制度法案》，这标志着金本位制的施行，即黄金正式成为世界货币。而随着社会的进一步发展，通货膨胀程度提高和经济交易量的迅速上升，黄金作为货币显现出其数量上的制约，使其不能适应社会经济的发展。于是到了 1922 年，在意大利热那亚城召开的世界货币会议，决定采用"节约黄金"的原则，实行金块本位制和金汇兑本位制（又称为虚金本位制）。随着资本主义的迅速发展和自身经济周期的交替，到了 1929 年，爆发了世界性经济危机，迫使各国放弃金块本位制和金汇兑本位制。过后，为了重振资本主义的经济，1944 年 5 月，以美国为首的 44 国政府通过签订《布雷顿森林协议》，建立了金本位制崩溃后的第二个国际货币体系。但随着后来美国发动的一连串战争，尤其是其深陷越南战争的泥淖，因而它与世界其他国家的经济发展相比发生了巨大的变化，其中尤以战后的德国和日本的经济起飞，使美元与黄金挂钩的货币霸气政策难以为继。特别是 1966 年，时任法国总统的戴高乐把美元换成黄金偷偷空运回国的做法，使美国的黄金储备急剧减少，让美国人感到其黄金储备到了空虚的地步。最终，美国采取了令其他国家猝不及防的措施。"华盛顿 8 月 15 日讯：尼克松总统于今晚宣布，今后美国将停止将外国人手中的美元兑换成黄金，从而单方面改变了长达二十五年之久的国际货币体系。"这是 1971 年 8 月 16 日《纽约时报》的重大新闻。其后，1971 年 12 月的《史密森协定》，标志着美元对黄金的贬值，与此同时，美国拒绝向他国中央银行出售黄金，至此，美元与黄金挂钩的货币体制已名存实亡。到了 1976 年，国际社会又达成了以浮动汇率合法化、黄金非货币化的《牙买加协定》。而到了 1978 年，《国际货币基金协定》规定，黄金不再作为货币定值标准，废除黄金官价，可在市场上自由买卖黄金。从此，黄金大阔步地走向了自由市场，以更大的流动性走进寻常百姓家，黄金的价格也逐步随着市场的变化而起伏，它从 1971 年之前的官方定价每盎司 35 美元走向了 2011 年的最高点每盎司 1 920 美元。而在这个过程中，黄金却一直保持着国家和个人的金融储备资产的重要角色。

从以上黄金价格的简要历史中可以看出，黄金历来是无与伦比的货币价值代表。从只能是帝王将相、达官显要才能拥有的黄金，到黄金就是世界性货币，再到这四十多年来从每盎司 35 美元（1967 年黄金平均价格是 34.95 美元）升至约 1 920 美元（2011 年）的高位，最高峰时已达到升幅超过 55 倍，年复合回报率达到约 10%。即使按 2013 年上半年的收盘价每盎司 1 234.21 美元计算，升幅也达 35 倍，年平均复合回报率约 8%。这样的回报率是相当不错的，大大超过了同期银行货币储蓄的年复合平均回报率，甚至超过了很多债券的年复合平均回报率。我们在这里有必要指出的是，把黄金市场化后的四十多年的价格变化，归结为政府管制与市场化历程相混合的一百年的黄金价格变化，是错误的市场分析。

对黄金价格有重大影响的经济数据回顾

通过上述我们已经知道，黄金并不生息，投资黄金的回报率主要依靠黄金价格的上升。而我们也知道，黄金是资源，无疑具有抗通胀的功能，并且黄金还兼具货币属性。所以，回顾世界经济的通货膨胀历史，也有助于我们对黄金价值的认识。

首先，我们看一下美国近百年的通货膨胀情况数据，如下图所示（资料来源：美国雅虎网）。从下图中可以看出，美国从 1913 年到 2011 年的近一百年时间里，其通货膨胀率累计达 2 194.96%，2011 年的通胀幅度是 1913 年的近 22 倍，而黄金价格从 1913 年平均价格每盎司 20.67 美元上升到 2011 年 12 月 31 日的收盘价的每盎司 1 673.82 美元，上升 80 倍多。最近三十年，美国通货膨胀率年平均约 2.92%。而以中国官方公布的国内 1981—2010 年的消费者价格指数 CPI 来说，年平均上升 5.6%，虽然这数据与我们的切身感受不尽相同，但还是说明了作为通货膨胀指标之一的 CPI 的上升态势。

美国累计通货膨胀率数据图

资料来源：Cumulative Inflation by Decade Since 1913 © 2011 InfationData. com Updatod 6/4/2011。

其次，我们来看一下中美两国 GDP 的增长情况。GDP 的增长意味着社会经济活动量的增加，货币量供应量也会相应增加。1981 年美国的 GDP 是 31 284 亿美元，到 2010 年是 146 241.8 亿美元，大约增加了 3.67 倍，平均年增长率约为 5%。中国从 1978 年到 2007 年的三十年间的年平均 GDP 增长率约 9.4%（中国的 GDP 总量从 1981 年的 4 891.6 亿元人民币上升到 2010 年的 397 983 亿元人民币，三十年间增长超过 80 倍）。这些都说明了两国经济的增长方向和增长速度，它们无疑推动了金价的逐步上升。

再次，我们再来看一下中美两国及其他国家货币供应量的情况。货币供应的大量增加无疑会推动金价的逐步上升。美国的广义货币 M2 的供应情况如下图所示：

美国广义货币M2的增长情况图

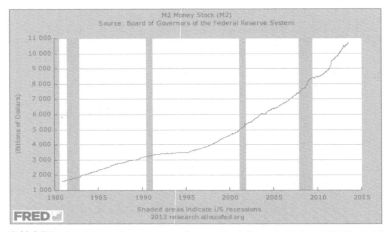

资料来源：Weekly, Ending Monday, Seasonally Adjusted, Updated: 2013-08-02 7:01 AM CDT。

从图中可以看出，美国的 M2 从 1983 年的不到 20 000 亿美元增加到 2012 年的超过 100 000 亿美元，三十年间，M2 的增加达到过 4 倍多。中国的 M2 从 1991 年的 15 293 亿人民币增加到 2013 年上半年的超过 1000 000 亿人民币，在二十多年的时间里，增加超过 64 倍。即使在 1992 年到 2012 年间经济衰退的日本，其 M2 增幅也达约 75%。同样，世界其他各国的货币量供应也是朝着增加的方向发展，尽管增幅有异，但其共同的特点就是不会停下印钞机。这些都是推升黄金价格上升的巨大力量。

上述通货膨胀率、GDP 增长和货币供应量情况的相关数据，有力地说明了黄金价格的曲折上升是大概率事件，黄金数量的增加远远低于印钞机的印钞速度。

影响黄金价格走势的因素

为了简化分析，我们仍然以中美两国为例。

美国至今乃是世界头等经济强国，在未来的五至十年时间里，甚至在更长远的未来，美国经济仍将引领世界。不论是奥巴马还是未来的美国总统继任者，都将在美国稳定的政治和经济框架下发挥治国者的主动性，这就为美国经济的稳定发展奠定了最坚实的基础。预计美国仍将在相当长的时期内，经济增长平均速度保持在 2%—5% 的水平区间，而美国的货币政策将在明线上展示强势美元的姿态及其世界货币领导者的角色，并通过强势货币政策受益于全球经济增长。另一方面，美国也将通过货币贬值的政策来支持本国的经济发展，而把通货膨胀输出到发展中国家。换句话说，美国除了必定致力于发展经济并且总体上有能力使经济发展外，也不会停下印钞机，M2 的继续增加应是可期的。

我国的新一届政府也必将致力于经济的稳定和健康发展。李克强总理提出的"稳增长、调结构、促改革"，将全力应对当前经济发展中遇到的困难，确保经济的进一步发展。中央提出 2020 年的人均收入要在 2010 年的基础上翻一番，若要实现这个目标，则需要年平均人均收入增加保持 7% 的速度，这促使政府必须力保 GDP 年均增长速度保持在 7% 左右的水平。尽管中国在各方面，包括人均收入水平、生产力发展水平以及科学技术水平，与世界的领先国家还有不小的距离，但中国经济仍保持了良好的发展态势，也有巨大的发展空间，因此，中国的广义货币

M2 的增加量仍将是巨大的，尽管其增加的速率可能放缓，但与此相对应的是通货膨胀幅度也会上升。

黄金的全球总量从 1966 年的 76 000 吨上升到了 2009 年的 163 000 吨，在这四十多年的时间里，黄金的实际矿山藏量仅仅增加了一倍多，每年仅能开采出大约 2 500 吨的黄金。全球已探明的黄金储量仅 80 000 ~ 90 000 吨，确切的地下可开采的存储量仅为 20 000 多吨。据报道，现今黄金开采的平均成本约每盎司 700 美元，并呈现出进一步增加的态势。总之，黄金地下储藏量越来越少，而开采成本却越来越高，这是不争的事实。

所以，黄金价格不会永远在每盎司 1 920 美元的价格之下，千百年来金光闪闪的黄金也不会从今以后变成木炭而暗淡无光。

不过，黄金价格从 2000 年的大约每盎司 250 美元上升到 2011 年的 1 920 美元，已经有巨大的升幅，上升期也已达十一年之久。所以，高峰时的黄金价格已经透支了经济基础所能提供的市场上升力量，现在看来已是相当明显。

综上所述，在当前（2014 年上半年）黄金价格每盎司 1 200 ~ 1 300 美元区间，可以小量购买，但不是重仓购买的良好时机。

黄金价格在每盎司 1 000 ~ 1 200 美元之间见底的可能性不大，在每盎司 8 00 ~ 1 000 美元的之间成为底部的可能性最大。如果黄金价格在每盎司 600 ~ 800 美元之间见底（这种可能性最小）；要是果真如此的话，这是极好的底部区域，专注黄金投资的人士尽管放心重仓购买。黄金价格跌破每盎司 600 美元的可能性甚微。不过不管是在什么价位购买，希望迅速地从黄金投资中大幅获利是不现实的。我们一定要知道，黄金价格的大幅度上升或下降都是长周期的。如果你对投资黄金情有独钟，那么，鉴于事物发展的不确定性，你可以从现在开始，采用定期定量的定投方法（即费用平均策略），辅之以每盎司黄金价格每下降 200 美元，采取相应的加码投资策略。

案例分析

王女士，机关公务员，年龄 50 岁，希望购买黄金作为避险投资和分散投资的组成部分。其家庭计划用 30 万元投资黄金，希望能取得平均收益率不低于银行三年期存款利率的水平。请问，该如何投资黄金较好？

分析：现在人均寿命超过 70 岁，尤其女性超过 80 岁的不在少数。所以，以黄金的投资长周期性来看，王女士仍有相当的时间赢得黄金价格上升的收益，并得益于黄金的避险价值和抗通胀价值。由于目前黄金价位大多在每盎司 1 200 ~ 1 300 美元之间，在考虑到不能准确地把握黄金最低区间的情形下，可以把 30 万元现金以 10 等分，并以十年投资期定投。但若出现每盎司 1 000 美元、800 美元、600 美元的价位时，则把后三年的一个等分量提前追加投资，直至在十年期内有超过七年的投资期来完成 30 万元的投资量，并且把未购买黄金的现金部分，以一年期、二年期、三年期、五年期的定期存款滚动存储，直至投资完毕。一旦在二十年里黄金价格越过每盎司 2 000 美元，就能够获得超过年复利增长 4% 的目标。

第 4 节　余额宝是个宝吗？

　　仿佛天地运行还真有天时地利之说。马年伊始，"马将"们在马蹄声碎的行进中，更似乎踩准了第一声春雷，以互联网的风驰电掣之势，让大江南北的人们为之动容、惊愕、欢呼和争鸣。这一声春雷，既是余额宝年化收益率高达 6% ～ 7% 的宣传的"正电"效应，也是钮文新站在中央电视台的平台上登高一呼的"负电"效应与之猛烈相碰撞而产生的结果。也许，站在钮文新的立场上，他应当是"正电"的一方，而余额宝却是"负电"的一方。姑且不论哪方是"正"、哪方是"负"，双方猛烈碰撞所发出的巨响却是影响整个社会的。这既是余额宝的功劳，也是钮文新的功劳。虽然钮文新也许本欲站在央视的平台，要对余额宝发射几颗火箭弹，但却不料反而把马云的团队送入了云端并脚踏祥云，不花一分钱就获得了最精彩、最有效的企划宣传效果，数以亿计的人认真地参与了这一轰轰烈烈的活动并获益。

　　现在，我们来看看对这一新生事物的正反两方的代表性观点。

反方观点

　　观点一：央视证券资讯频道执行总编辑兼首席新闻评论员钮文新说："我认为，仅仅看到余额宝为公众带来一点利息收益，这也太浅见了。而政府和金融监管当局更应当看到的是，余额宝正在严重干扰货币市场秩序，破坏货币市场体系，干扰货币政策的有效性。最不能容忍的是，余额宝大大提升了中国实业企业的融资成本，威胁着商业银行的运营安全。"（《余额宝是吸血鬼》，载《新财富》，2014年1月25日）

正方观点

观点一：天弘增利宝货币市场基金经理王登峰说："利率市场化是现在整个中国经济的一个不可逆转的趋势，这也是全球经济发展的一个必然趋势。利率市场化对于整个中国金融业乃至整个中国经济的发展都具有不可预估的作用……余额宝这个产品它顺应了利率市场化的大潮流，率先在银行存款之外的货币基金中实现了利率市场化。"（中经在线访谈）

观点二：全国政协委员、中国人民银行副行长潘功胜在2014年3月4日指出："互联网金融的发展，在满足微小企业融资、服务百姓投资渠道、提高社会金融服务、降低金融交易成本、推进利率市场化等方面都发挥了积极的作用。目前，互联网金融主要存在两方面的问题：一是监管缺失，监管主体和监管规则不完善，在监管上不统一；二是具有一定的风险性。"（news.hljtv.com，新华社稿）

观点综述

从以上三人的观点中，我们可以看到，关于余额宝的利与弊，在理念上、理论上、政策上、管理上、实践上都有待于作出进一步的思考、探索与发展。但形成百家争鸣的局面，应是很自然的事，也是好事。

钮文新的观点中有他对中国金融业发展状况的看法和对国家经济发展的关注，但他认为应当取缔余额宝的逻辑演绎被认为存在偏颇，这也是他始料不及并引起许多人反对的根本原因。

王登峰的观点从国际和发展的大趋势做了一个很好的分析，由此我们可以看到互联网金融界的思维与展望。但他的利率市场化的观点，以及他投资的标的——银行协议存款，并没有完整表达利率市场化的必然投资结果。不同的平台和不同的观察角度，通常会有不同的观察效果和形成不同的结论，而通过更多的视角形成更完整和更正确的结论，则是必要的。

潘功胜的观点较好地说明了余额宝的利与弊。但使许多人不解的是，拥有十三亿人口的大国理应人才济济，为何银行制度和体系却有那么多的不完善，这也使得人们能从中窥视到钮文新发出的呼吁的价值所在。

在讨论余额宝的投资理财的价值之前，我们还必须搞清楚余额宝究竟是什么。余额宝是由网络第三方支付平台——支付宝——打造的一项增值服务。支付宝原来在为网络购物客户服务的时候，可以沉淀许多由众多散户的小额资金所组成的庞大资金，而这些散户之前无法取得沉淀资金的利息。淘宝公司从长远利益出发，开发了对客户具有"黏性"、使客户有利可图的具有增值功能的金融产品——余额宝，即把客户沉淀的资金拿去购买货币基金，它通常以比银行活期利息更高的投资收入回报给客户。余额宝通过与天弘基金的天弘增利宝货币市场基金相对接，于 2013 年 6 月 13 日正式上线。由此，支付宝的客户们通过余额宝既可以网上购物，又可以购买货币基金类的理财产品，还具有支付宝的转账等支付功能。

那么，什么是货币基金呢？货币基金就是投资于银行协议存款、中央票据、金融债券、短期融资券等货币类资产的资金。余额宝的投资收益就是由投资于这个方向的收益组成的，其中银行协议存款高达 80% ~ 90%。

银行协议存款是货币基金与商业银行协商的大额存款方式。正是由于其大额存款的优势，使得货币基金具有存款利率的谈判权，也使得银行更愿意以更高的存款利率给货币基金公司，并且通常还附带有提前支取不罚息的优待条款。这就是货币基金的收益率通常比活期存款利率要高的原因，甚至有时它会比小额定期存款的利息还高。但必须注意的是，大众在银行的存款收益与在货币基金的收益并不等同，这主要在于政府对两者的经营在法律上和政策上有所不同，或者说，政府对这两者的保护方式和力度不同，并且两者的收益来源也不同。这就使得直接存于银行的钱与间接存于银行的钱利率会有较大的差别。

也许有人会问，余额宝是否安全呢？可以这样说，余额宝以投资协议存款为主的投资方式，是相当安全的。但它会存在除此之外的安全性问题，如管理问题、电子支付的网络安全问题等。虽然这些问题发生的概率并不高，网络公司也信誓旦旦地说，这些都是非常安全的，但此类安全问题的发生并未完全杜绝，网上受骗的例子也时有发生。这是网络公司未来还需要重点解决的问题。

对于网络安全这个问题，通常也有两个方面的理解：一是以发生的概率来说明；二是以发生安全性事件的危害力度来说明。一般来说，市场认为货币基金是一种安全性良好的低风险的投资品种，就是从这两个方面来说的。

另外，我们必须冷静地看待这么一种情形，就是余额宝所谓的7天年化收益率达6%～7%，将此收益率与银行的活期利息收益率进行对比不是完全不可以，但必须明了余额宝的收益与风险，在此前提下进行对比才是正确的，否则就有一定的误导性，这牵涉极其重要的企业经营规范和法律完善的问题，牵涉亿万百姓的利益问题。许多机构和企业，包括银行、保险、基金等等公司，都可能在这些方面有危害百姓利益的宣传和行为，而这又是最具欺骗性的，是一般不内行的民众搞不清楚而又最容易轻信的，也是产生纠纷最多的。这需要国家在法律法规上予以制约。中国人民银行副行长潘功胜所指出的当前互联网金融所存在的问题，也包含了这一方面的问题。

为了大家能更好地认识余额宝，我们现将其有关的利与弊列述如下：

1. 余额宝的利：

（1）互联网的极大便利性。

（2）大规模货币基金协议存款的高利率的谈判能力。

（3）一般情况下，其收益率若以倍率比，会远高于活期存款利率；若以绝对值相比，则不同时期其绝对值的影响力不同，因而从某个角度看，其绝对值的变化差别也不小。

（4）有可能高于若干定期存款利率。

（5）使消费和理财两不误。

（6）管理卓越的网络公司其安全性基本良好。

2. 余额宝的弊。

（1）网络安全技术存在风险。这个风险可大可小，视不同的情形而断定。

（2）企业经营风险。不管是网络公司还是基金管理公司，都有企业经营的风险，毫无经营风险的公司是不存在的。余额宝通常就是由网络公司和基金公司两者经营的，这就会含有流动性风险、意外挤兑风险以及投资标的的风险。

（3）国家资金利息率下降所引发的风险。

（4）银行与货币基金在政策上博弈的风险。

（5）与银行存款对比，存在无国家显性或隐性的信用担保风险。

（6）网络行业竞争风险。网络行业的竞争瞬息万变，能长期稳定发展的网络公司还有待于市场检验。

（7）互联网金融的法律和政策的变化风险，包括监管政策的变化和监管力度改变的风险。

（8）余额宝的投资理财，是属于货币基金类的低风险、低收益的保守型的投资理财，在一般情况下，其收益率虽然远高于活期利息率，甚至可能稍高于定期存款利率，但通常也一样跑不赢通货膨胀率。这是另外一种投资理财风险。

所以，如果机构或媒体试图大力宣传余额宝在投资理财中的优势，就不可避免地带有误导性的嫌疑。

结论

余额宝的诞生给大众带来了新的投资理财方式。随着互联网网络安全技术水平的不断提高，随着金融产品的不断创新，互联网金融无疑会得到长足的发展。而从现有的投资理财架构来说，民众放一部分资金投在余额宝上，还是有利可图的，这也算是一个理财的"宝"。但如果要把它当做一个"大宝贝"，把全部身家都放在余额宝上，则并不妥当。重要的原因之一，就是存款类的投资理财产品总体上还是属于被动型和保守型的低风险、低收益的投资理财产品，随着互联网金融的发展和金融的互联网化，余额宝将回归平静和理性。

1．图一《爱之花》：玫瑰花的花蕊由相拥的男女组成。

2．图二《隐藏的拿破仑》：拿破仑就在两颗树所组成的白色部分中间。

3．图五《失踪的正方形》由几个解题思路：

（1）几何学思路；

（2）数学思路：几何与数列关系，极限与微积分；

（3）逻辑学思路；

（4）形象思维科学和理性思维科学之关系的思路；

答案的核心要点：视觉形象思维不同于数理（包括几何）逻辑思维。这两个三角形都不是严格数理（包括几何）逻辑上的三角形，它们及其组成部分所采用的尺寸数 2、3、5、8、13 数列，是斐波那契数列的黄金分割优美比例，所以能使得图形极其完美，人们难以发现微分形式的误差。其微分形式的误差量的积分，就是那个失踪的正方形。

4．图八《将军一家》：在形成将军的脸的拱门中，共有四张脸，即除了将军的脸外，还包括眼睛中的一张，耳朵中的两张；拱门右上角有一张；拱门左上角的小鸟处有五张，其中包括小鸟左方的三张（左、中、右各一张），小鸟右方的两张（上、下各一张）。所以，总共有十张脸。

5. 图九《七匹马》：这七匹马包括：沙滩上行走的一匹；左边石马一匹；云中云马一匹；右边巨浪中的水色马一匹；右上角空中马一匹（阳光照射点）；沙滩上鲜明的马脚印暗示了一匹；右边石马一匹（作者认为水中央汹水的一匹马作为代替更为合适），共七匹。如果你还可以想象出其他形象的马，无疑会增加这幅图的美感。

图书在版编目（CIP）数据

财智·财商·财富：专业理财师步步为赢的理财方略.1/刘加基
著.—北京：华夏出版社，2015.6
　　ISBN 978-7-5080-7963-9

　　Ⅰ．①财…　　　Ⅱ．①刘…　　　Ⅲ．①家庭管理－财务管理
Ⅳ．①TS976.15

中国版本图书馆 CIP 数据核字(2015)第 034801 号

财智·财商·财富——专业理财师步步为赢的理财方略之一

作　　者	刘加基
责任编辑	李雪飞
出版发行	华夏出版社
经　　销	新华书店
印　　刷	北京人卫印刷厂
装　　订	三河市少明印务有限公司
版　　次	2015 年 6 月北京第 1 版
	2015 年 6 月北京第 1 次印刷
开　　本	880×1230　1/32 开
印　　张	6.25
字　　数	129 千字
定　　价	42.00 元

华夏出版社　　地址：北京市东直门外香河园北里 4 号　　邮编：100028
　　　　　　　　网址:www.hxph.com.cn　　　电话：(010) 64663331（转）
若发现本版图书有印装质量问题，请与我社营销中心联系调换。